カラー完全図解　悪玉コレステロールを下げ 善玉コレステロールを上げる本

全彩圖解
暢銷修訂版
· NEW ·

降低壞膽固醇 提高好膽固醇

｜控制膽固醇・飲食・運動・生活・用藥處方｜保健事典

日本醫學博士
石川俊次 ◎監修

邱麗娟 ◎譯

臺北榮民總醫院
健康管理中心主任
暨內科部心臟科主治醫師
陳肇文 ◎審定

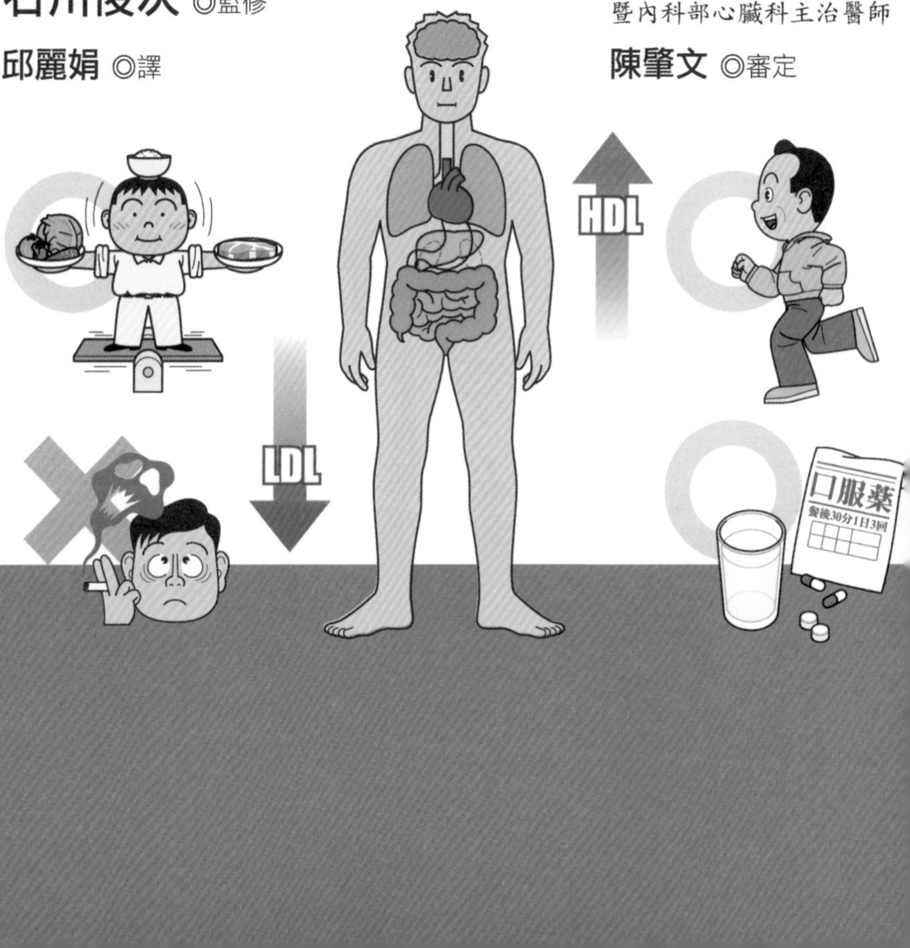

【前言】

降低壞膽固醇、提高好膽固醇

大家都知道膽固醇有好壞之分。

健康檢查時，醫師會告訴我們膽固醇的值有LDL值和HDL值，也許已有讀者知道壞膽固醇LDL的值要降低，好膽固醇HDL的值要提高，這樣對身體比較好。

那麼，膽固醇真的有好、壞兩種嗎？LDL、HDL又是什麼？為什麼LDL值要低，HDL值要高？在脂質檢查裡還有一項中性脂肪值，中性脂肪值和膽固醇又有什麼關係？

這本書會用淺顯易懂的方式來回答這些問題。

其實膽固醇之所以會出問題，是因為它和恐怖的動脈硬化有關係。

那麼動脈硬化和膽固醇有著什麼樣的關係？和壞膽固醇LDL有著什麼樣的關係？和好膽固醇HDL又有什麼樣的關係？為什麼動脈硬化很可怕呢？

本書也會努力用深入淺出的方式來解答上述問題。

並且，本書也會解說壞LDL值上升和好HDL值下降的原因，詳細介紹本書書名《降低壞膽固醇、提高好膽固醇》的要領。

希望這本書能對膽固醇值感到不安，並且擔心膽固醇過高的人有所幫助，並解除其擔心與疑慮。

主婦之友社

熱量
體脂肪
（中性脂肪）

Part 3 這些都是造成壞膽固醇增加，好膽固醇下降的原因

Part 4 效果卓越！降低壞膽固醇，提高好膽固醇的飲食生活、飲食方式、食品選擇要領

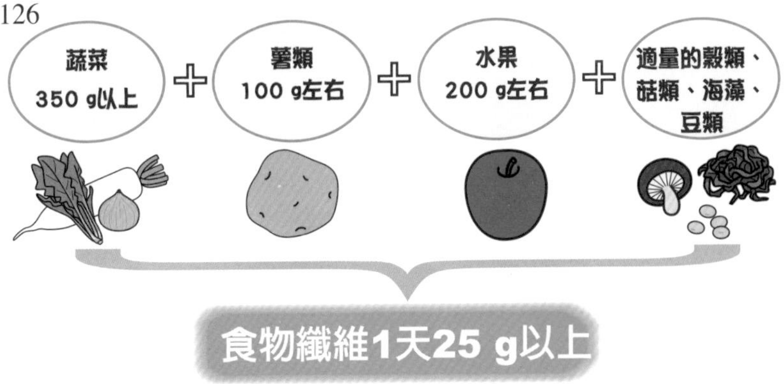
蔬菜
350 g以上
＋
薯類
100 g左右
＋
水果
200 g左右
＋
適量的穀類、
菇類、海藻、
豆類
食物纖維1天25 g以上

Part 5 做些簡單的運動，就可以降低壞膽固醇值，提高好膽固醇值，預防恐怖的疾病

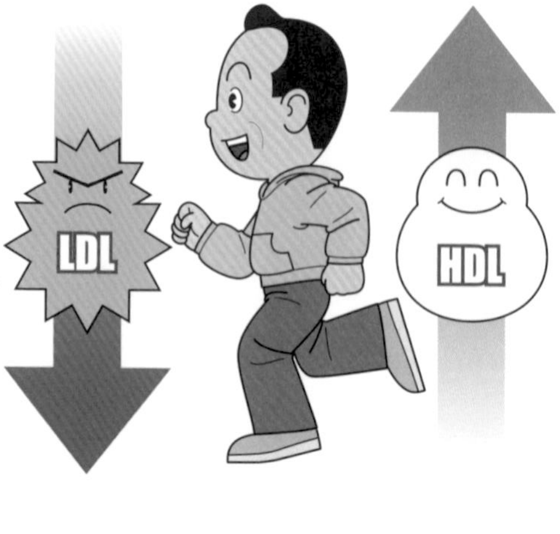

Part 1

只要知道這些，就可以控制體內的膽固醇值

血液中的膽固醇與中性脂肪失衡會致病

我們體內有許多脂質（脂肪類的總稱）。當中的主要成分有膽固醇、中性脂肪、游離脂肪酸、磷脂質（phospholipid）等四種，共同存在於血液中（正確來說是血液的液體部分——血清），發揮重要功能，保護身體健康。

如果血中脂質的**膽固醇**和**中性脂肪**過多或過少，造成失衡，就會引起**動脈硬化**，引發**心肌梗塞**、**腦梗塞**等疾病。這種血脂失衡的狀態稱為**脂質異常**。（參見本書第二八至二九頁）

◆脂質存在於血液的血清當中

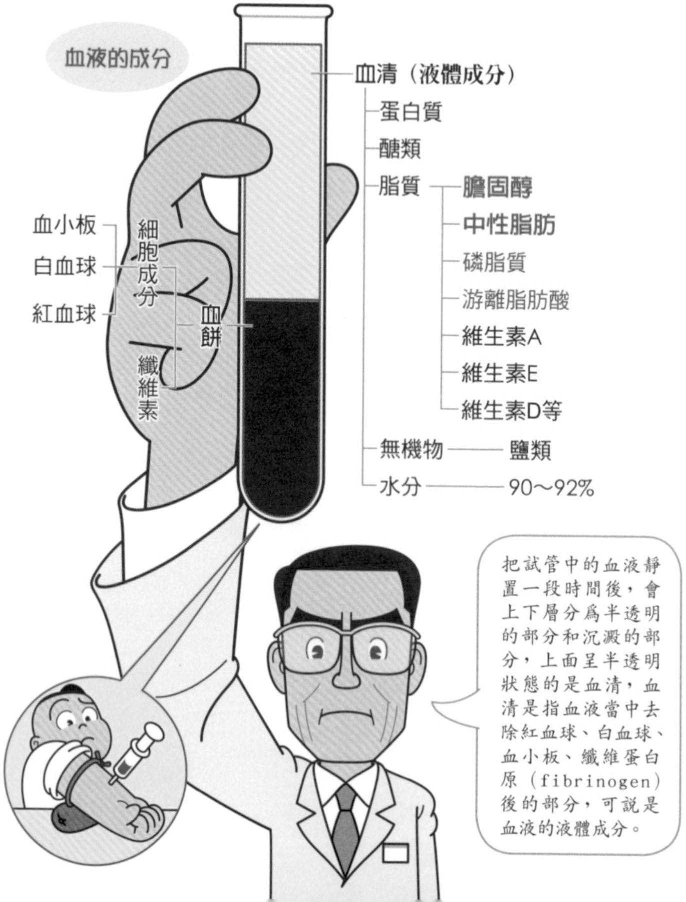
血液的成分
血清（液體成分）
蛋白質
醣類
脂質
膽固醇
中性脂肪
磷脂質
游離脂肪酸
維生素A
維生素E
維生素D等
無機物
鹽類
水分
90～92%
血小板
白血球
紅血球
細胞成分
血餅
纖維素
把試管中的血液靜置一段時間後，會上下層分為半透明的部分和沉澱的部分，上面呈半透明狀態的是血清，血清是指血液當中去除紅血球、白血球、血小板、纖維蛋白原（fibrinogen）後的部分，可說是血液的液體成分。

膽固醇是身體不可或缺的物質

膽固醇是一種人體不可或缺的原料。

它會隨著血液傳送到全身，在身體的各個角落維持著我們生命的所需。

當中的重要功能之一就是形成「**細胞膜**」。

我們身體的骨骼、肌肉、內臟、神經、皮膚是由數十兆個細胞所組成。膽固醇是這所有細胞的「細胞膜原料」。

也就是說，膽固醇可說是人體的「建築材料」。

◆如果把細胞比喻成建築物的話，膽固醇就相當於當中的鋼筋（支柱）

另外，膽固醇也是「微調體內功能」——**荷爾蒙**的主要成分。我們平常所稱的男性荷爾蒙或女性荷爾蒙、腎上腺荷爾蒙等，這些荷爾蒙都和生命息息相關，肩負著重要的功能。

膽固醇也是**膽汁酸**的組成成分。**膽汁酸**是膽汁的主要成分，膽汁可幫助食物消化吸收（屬於消化液的一種），可以說是維持生命活動的一大幫手。所以膽固醇是組成人體的原料之一，是維持身體正常功能不可或缺的成分。不過話雖如此，還是要注意不可以讓血中膽固醇太多。

人體中到處都含有膽固醇。整個人體內的全部膽固醇約有一百克，存在於大腦與肌肉中的各約二十五克，腎上腺（臟器之一）與肝臟、肺、皮膚、動脈壁的組織中約有四十克，血液中約有十克。

◆這些臟器都有「以膽固醇做原料」所形成的各種荷爾蒙

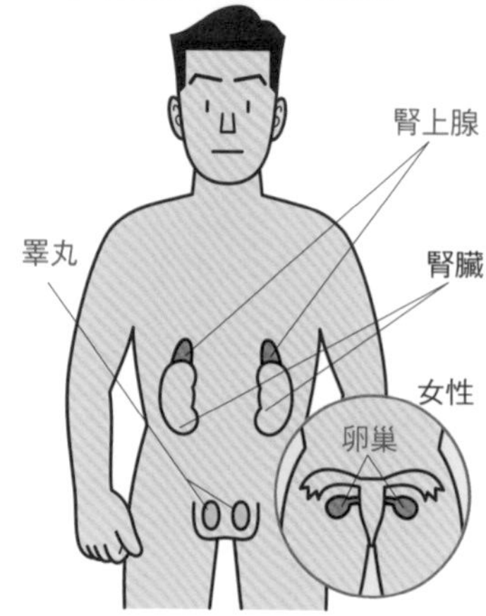

◆膽固醇存在於體內的這些地方

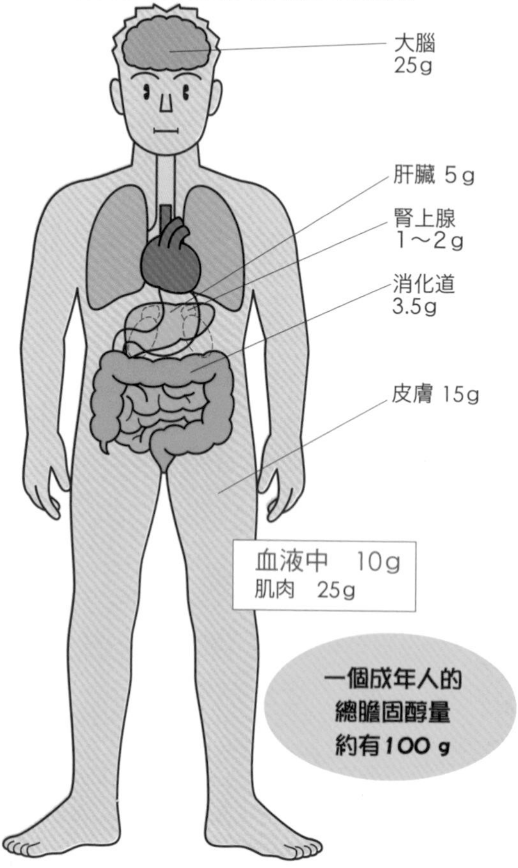

中性脂肪是人在活動時的能源，會因應身體需要進行分解利用

對身體來說，**中性脂肪**是一種重要的脂質，是維持生命活動的必要能量，沒有立刻使用到的中性脂肪，會先轉成皮下脂肪等體脂肪儲存起來。體內需要儲存一定的脂肪量來做爲預備能源。當中性脂肪轉成熱量釋放出來時，就會分解成**游離脂肪酸**。

儲存在體內的

◆中性脂肪是高效率的能量儲藏庫

◆中性脂肪就像是汽車的油箱

如果把人體比喻爲車子，中性脂肪就是油箱，而裡面的汽油就是游離脂肪酸。

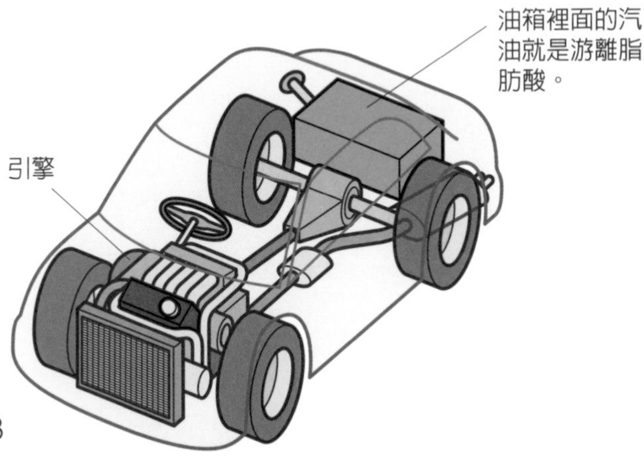

中性脂肪可以在寒冷的時候防止體溫散失，藉以保持一定的體溫，並保護內臟不受外部衝擊。

不只食物當中的脂肪會形成中性脂肪，醣類也會在肝臟當中轉成中性脂肪。另外，酒精也有提高肝臟合成中性脂肪的功能。

如果中性脂肪在血液中的含量屬於正常範圍的話，並不會有任何問題；但如果血液中的中性脂肪量過多，則會造成生活習慣病。實際上，引發心肌梗塞或腦梗塞的病患通常不只膽固醇值偏高，很多人連中性脂肪值也偏高。

◆中性脂肪做為皮下脂肪的功能

儲存在皮下的中性脂肪（皮下脂肪），可以化爲隔熱材質保護身體不失溫，也具有緩衝功能，避免身體內部遭受外界的直接衝擊。

◆中性脂肪合成的要素為脂肪、醣類、酒精

食物當中所含的脂肪和醣類會合成爲中性脂肪，酒精也會提高肝臟當中中性脂肪的合成。

膽固醇與中性脂肪以脂蛋白的形態在血液間流動

身體各器官組織都需要膽固醇和中性脂肪，所以必須靠血液來運輸。但是膽固醇和中性脂肪都是「油」，所以無法溶於以水分爲主的血清當中。爲了讓膽固醇、中性脂肪和血液中的水分可以相互接受，因此由蛋白質和磷脂質將膽固醇和中性脂肪包覆成小粒子，在血液中流動，這個小粒子就稱爲**脂蛋白**。膽固醇和中性脂肪在血液中大多呈現脂蛋白的狀態，也可以說，脂蛋白是膽固醇和中性脂肪的搬運船。

從脂蛋白粒子中的脂質

◆脂蛋白的構造

中心部分由不溶於水的酯化型膽固醇（Echo）和中性脂肪組成，周圍包覆一層由脫輔基蛋白（apoprotein）、磷脂質、游離型膽固醇所形成的膜。

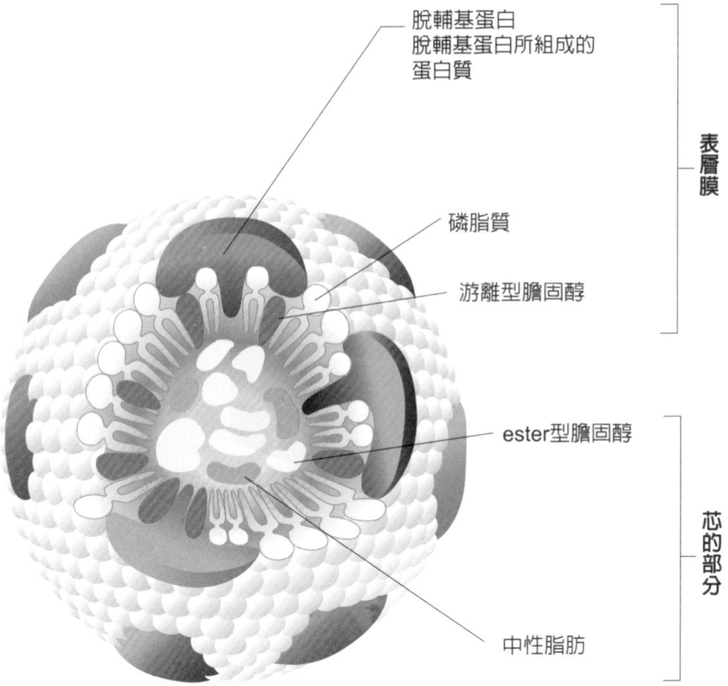

與脫輔基蛋白的重量（也就是比重）來看，可將脂蛋白大致分為四類。當中所含的脂蛋白種類各不相同，功能也各異。

脂蛋白的四個種類分別是**乳糜蛋白**（chylomicron）、**VLDL**（極低密度脂蛋白）、**LDL**（低密度脂蛋白）與**HDL**（高密度脂蛋白）。

在這當中，主要負責搬運中性脂肪的是乳糜蛋白和VLDL，主要搬運膽固醇的是LDL和HDL。LDL所含的膽固醇比例較高，HDL所含的蛋白質與磷脂質的比例較高。

◆脂蛋白可說是在血液運河中航行的脂質搬運船

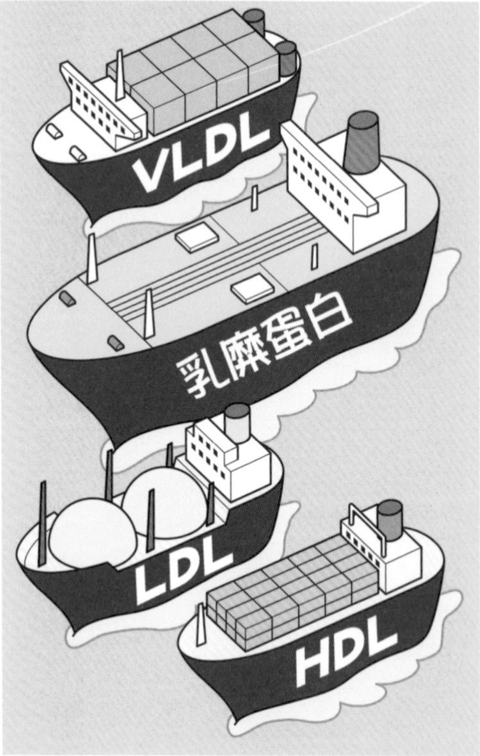
VLDL
乳糜蛋白
LDL
HDL

◆4種脂蛋白的大小與密度比較

1 nm（奈米）等於千萬分之一公分

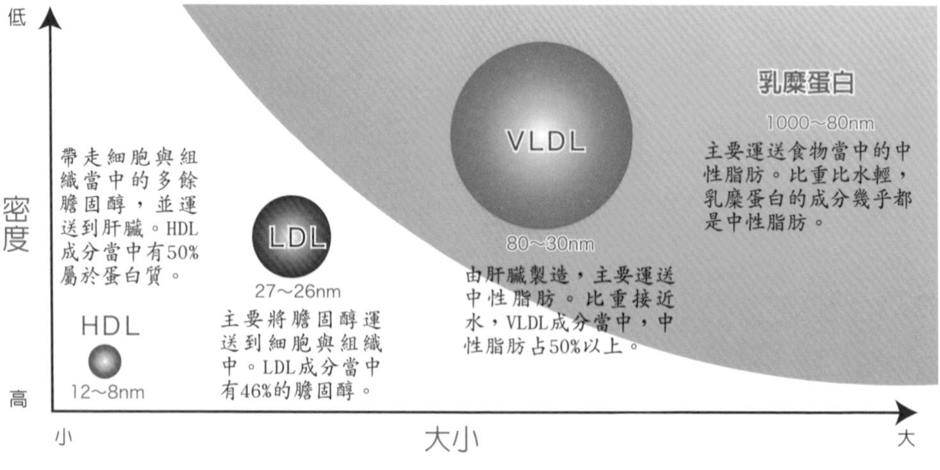
低
密度
高
小
大小
大
乳糜蛋白
1000～80nm
主要運送食物當中的中性脂肪。比重比水輕，乳糜蛋白的成分幾乎都是中性脂肪。
VLDL
80～30nm
由肝臟製造，主要運送中性脂肪。比重接近水，VLDL成分當中，中性脂肪占50%以上。
LDL
27～26nm
主要將膽固醇運送到細胞與組織中。LDL成分當中有46%的膽固醇。
HDL
12～8nm
帶走細胞與組織當中的多餘膽固醇，並運送到肝臟。HDL成分當中有50%屬於蛋白質。

脂蛋白除了在體內移動外，還會變成各種樣式，擁有各種功能

運送中性脂肪的脂蛋白在體內移動的同時，也會逐漸產生變化

我們在飲食中所攝取的脂肪（中性脂肪）會先在小腸消化、吸收，在小腸裡變成**乳糜蛋白**，再進入血液中。

這個乳糜蛋白會順著血液循環，送往全身需要能量的肌肉與脂肪組織（聚集、產生脂肪細胞，儲存脂肪的組織）之中。**乳糜蛋白**會將這些中性脂肪送到身體各個組織裡。送完後會變成一種名爲「**乳糜微粒殘餘物**」（chylomicron remnant）的顆粒。remnant 的意思就是「殘餘物質」，當中還含有未使用的中性脂肪和膽固醇。這個乳糜微粒殘餘物最後會運送到肝臟，由肝臟儲存。

乳糜微粒殘餘物的脂質，以及在肝臟合成的中性脂肪與膽固醇，會和脂蛋白結合成ＶＬＤＬ，進入血液當中。這個ＶＬＤＬ也會順著血液循環全身，將中性脂肪運送到肌肉與脂肪組織之中。之後再慢慢進行分解，轉成過度型的ＩＤＬ（intermediate density lipoprotein，中密度脂蛋白），之後中性脂肪漸漸減少，部分轉爲ＬＤＬ。

脂蛋白會將膽固醇傳輸到全身，剩餘的部分會回收運送到肝臟

經過層層過程轉化後的ＬＤＬ會順著血流循環全身，擔任重要工作——將膽固醇帶給末梢組織（細胞），做爲細胞膜的材料。這種含有ＬＤＬ的膽固醇就是血液中的**ＬＤＬ膽固醇**。

細胞表面有接收ＬＤＬ的受體（receptor），ＬＤＬ會藉由和受體結合進入細胞當中，讓細胞得以利用Ｌ

ＤＬ當中的膽固醇。這些細胞爲了讓自己只攝取必要份量的膽固醇，必須不斷地調整受體數，使之維持在適當的數量。同時，細胞用不完的膽固醇則會排出到細胞表面。另一方面，ＨＤＬ也會循環至全身，從末梢組織（細胞）表面帶走多餘的膽固醇，並送回肝臟。也就是說，ＨＤＬ的功能就像是清潔膽固醇的工作人員一樣。

靠著這層機制，細胞內才不會堆積過多的膽固醇。

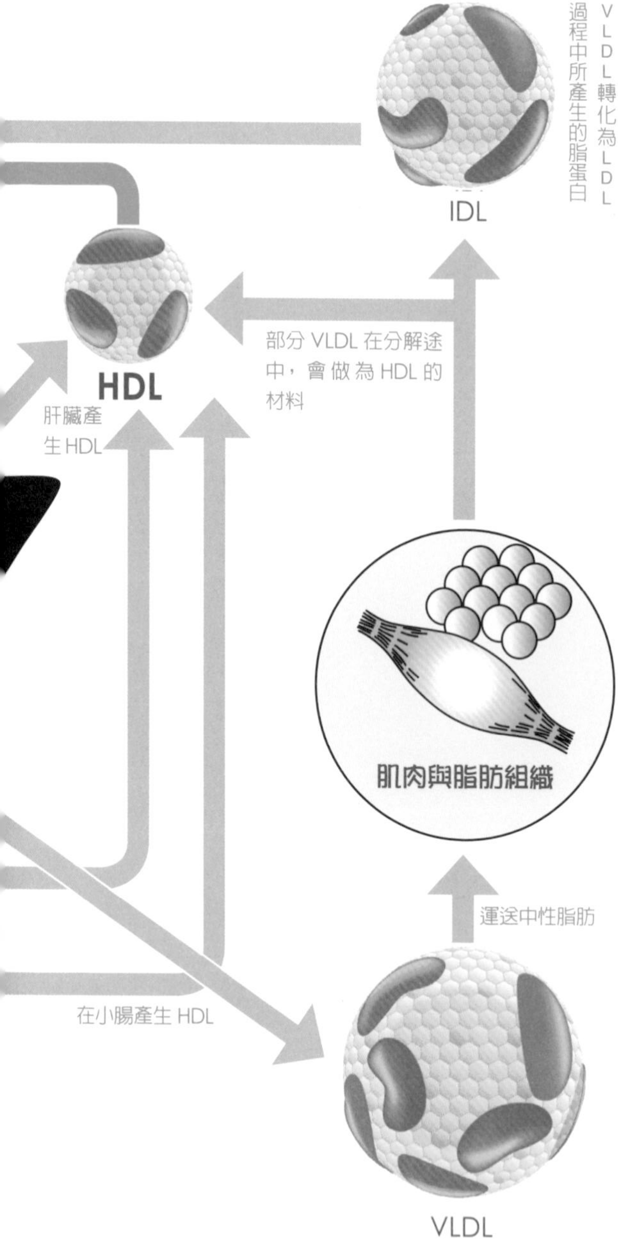

●看這個圖就可以了解HDL是由肝臟、小腸或血液製造。

◆體內脂蛋白的運送過程

脂蛋白會順著血流在體內移動，發揮各種功能，結束時會轉成具有其他功能的脂蛋白。紅線箭頭是LDL（壞膽固醇）與HDL（好膽固醇）的運送流程。

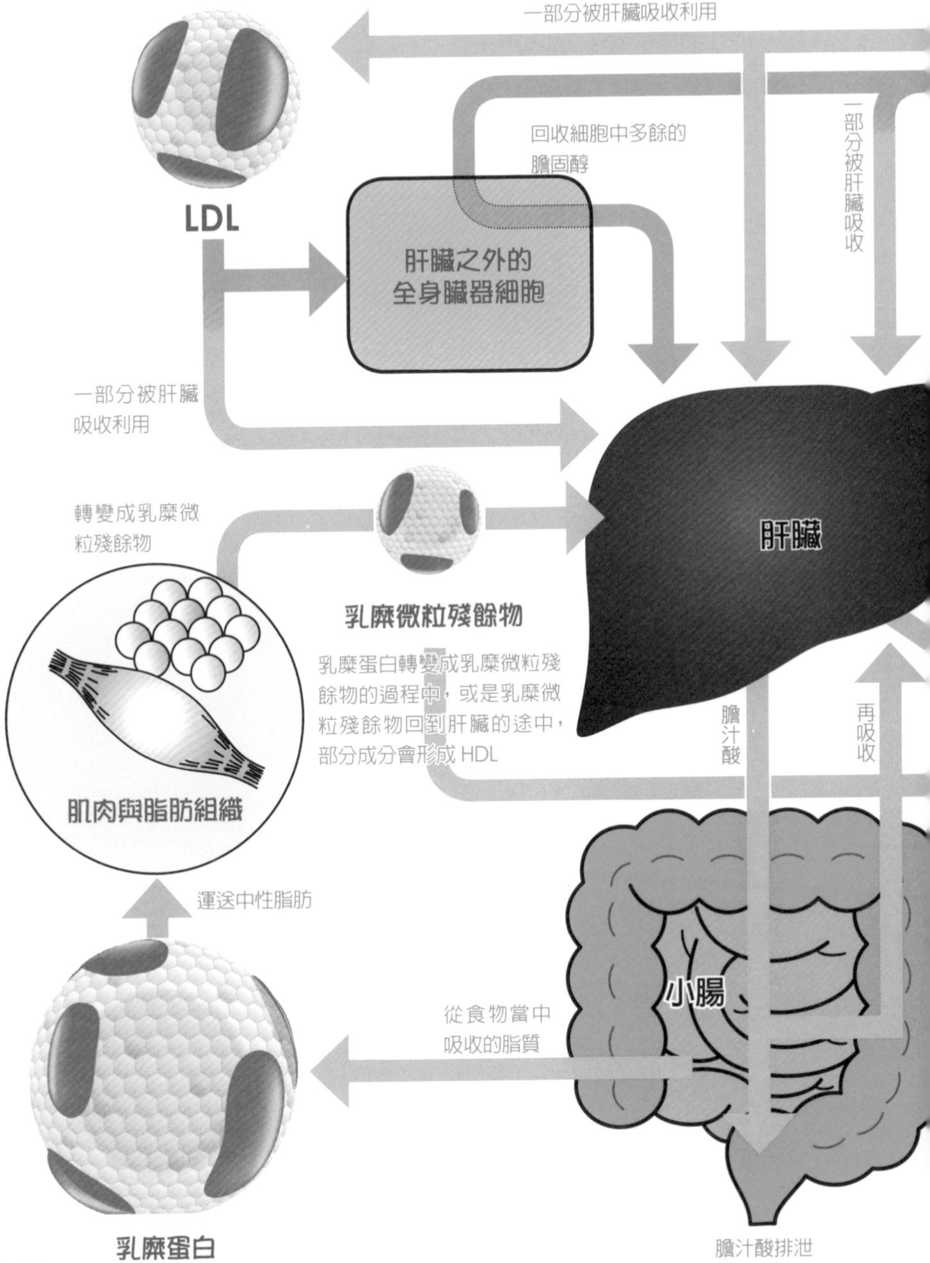

依據脂蛋白的功能不同，可分出膽固醇的好壞

一般來說，膽固醇可分爲含有LDL的**壞膽固醇**，和含HDL的**好膽固醇**。但這兩種都是同樣的膽固醇，膽固醇本身並沒有好壞之分，只不過是運送膽固醇的脂蛋白不同，才會有這種區別。那麼，爲什麼LDL是壞的，而HDL就是好的？LDL本身並不是對人體不好，它甚至還擔負了「運送膽固醇給人體必要組織」的重要工作。只不過細胞所需的膽固醇有限，多餘的LDL在血液中增加太多，就會滲入血管壁，附著在血管內壁，造成動脈硬化。也就是說，造成動脈硬化的主要成分——膽固醇，其實是靠LDL來運送的。

而HDL會順著血流循環全身，負責帶走細胞多餘的膽固醇。HDL會將回收的膽固醇送到肝臟進行再利用以及分解，所以可以預防膽固醇滲入動脈壁，預防動脈硬化情況的惡化。

因爲對身體的功能、作用、影響不同，所以就把LDL當中的膽固醇稱爲壞膽固醇，HDL當中的膽固醇稱爲好膽固醇，這樣一般人比較容易理解。

另外，乳糜蛋白（主要運送飲食當中的中性脂肪），以及VLDL代謝所產生的IDL都有可能是壞膽固醇。

通常在用餐後三至六小時，**乳糜蛋白**就會分解消失。但是有些人過了六小時之後，乳糜蛋白還殘留在血液裡，有時甚至會使中性脂肪值升高至1000mg/dl以上，而引起急性胰臟炎。另外，也會造成動脈硬化。

IDL原本應該要轉變成IDL進入細胞當中，但是當IDL的代謝功能發生障礙時，就會維持IDL的狀態繼續留在血液當中，而加速動脈硬化。

◆壞的 LDL 和好的 HDL 的功能

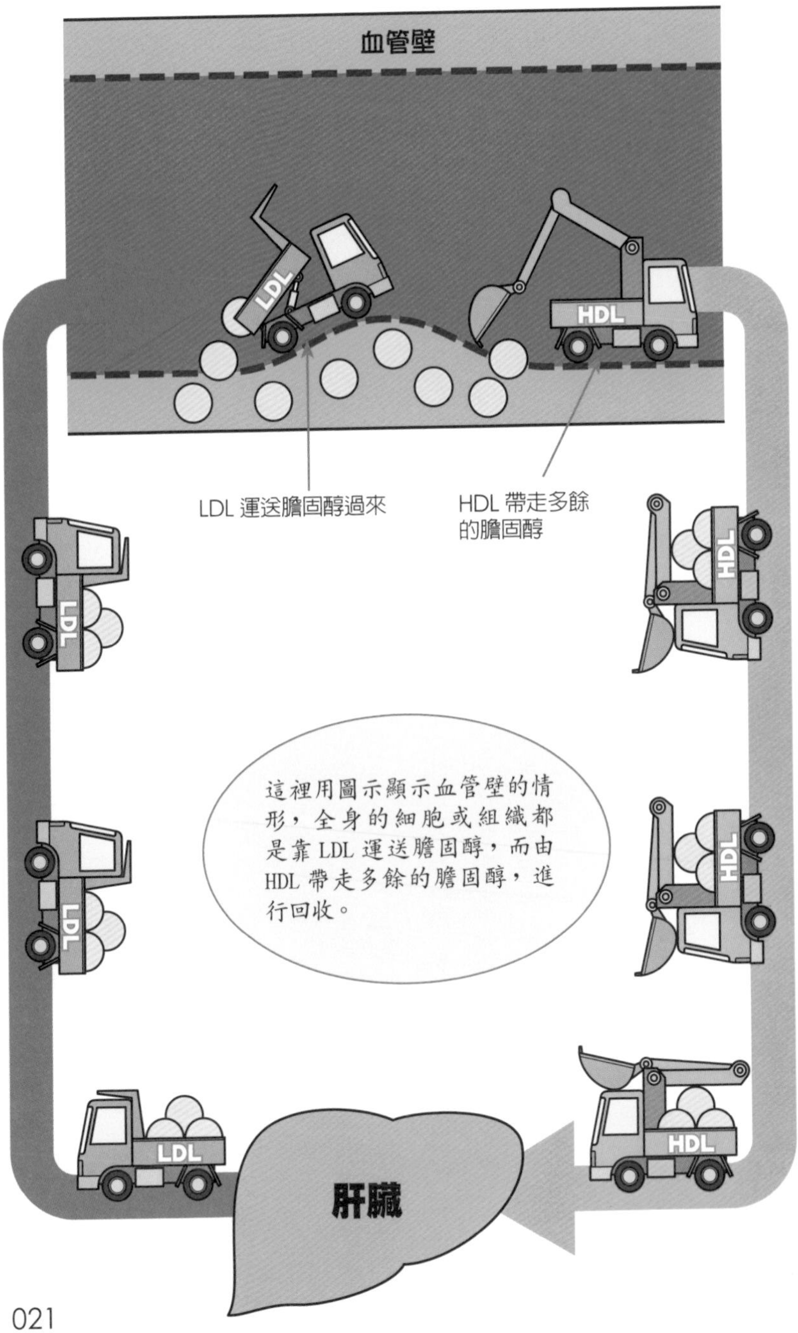
血管壁
LDL
HDL
LDL 運送膽固醇過來
HDL 帶走多餘的膽固醇
這裡用圖示顯示血管壁的情形，全身的細胞或組織都是靠 LDL 運送膽固醇，而由 HDL 帶走多餘的膽固醇，進行回收。
肝臟

也有明顯的「超惡脂」和「新惡脂」的脂蛋白

LDL當中有小顆粒的「超惡脂」

最近的研究裡顯示，LDL當中有一種類型特別容易加速動脈硬化，就是叫做「超惡脂」的LDL。

其實LDL的粒子大小並不一致，隨著分析技術的進步，已經可以了解LDL分爲粒子較大和粒子較小兩種類型。粒子小、比重較重的稱爲**小型LDL**或是小而密的低密度脂蛋白（small dense LDL），這就是超惡脂LDL。

血中小型LDL增加會造成動脈硬化的原因，是因爲❶粒子小所以容易嵌入血管內壁，而**堆積在血管壁內**。❷原本在LDL核心部分的β-胡蘿蔔素表層部分有維生素E，會和血中維生素C配合共同預防氧化，但小型LDL粒子較小，只能攜帶少量的抗氧化物，因此**比普通的LDL更容易氧化**。❸**停留在血液中的時間較長**。另外，醫學上已經得知，小型LDL增加時也容易造成血栓（血塊）。

小型LDL是直接造成動脈硬化的單一因子。即使LDL膽固醇值不高，但如果血液中的小型LDL值偏高，就會加速動脈硬化的惡化。**這種小型LDL會在中性脂肪值高、HDL（好）膽固醇值低的狀況下增加**。

新惡脂——乳糜微粒殘餘物

血液中**乳糜微粒殘餘物**增加也會促進動脈硬化，所以被認爲是新惡脂。

前面第一七頁有提過，末梢組織消耗乳糜蛋白當中的中性脂肪後，剩下的物質就是乳糜微粒殘餘物，粒子較小，所含的膽固醇比例也高。

乳糜微粒殘餘物長時間滯留在血液當中的話，會滲入動脈壁，加速動脈硬化。若有肥胖、糖尿病或慢性腎炎、腎衰竭等疾病，會產生大量的乳糜微粒殘餘物，原本乳糜微粒殘餘物最終應該送往肝臟處理掉，但是如果處理速度不良就會逐漸堆積。

◆超惡脂的小型 LDL 粒子較小，具有容易嵌入血管壁的特色

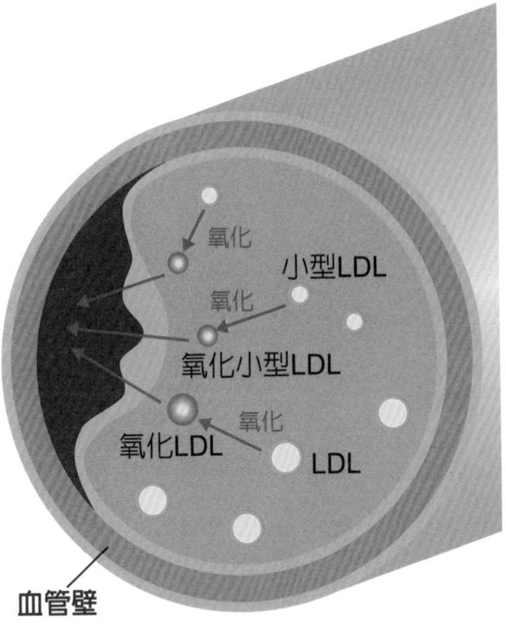

一般的LDL直徑大小約爲26～27 nm(nm＝奈米，1 nm等於千萬分之一公分)，超惡脂的小型LDL直徑小到未滿25.5 nm。

檢查 small dense LDL

檢查小型LDL時，要透過血液檢驗，進行LDL大小的判斷，只要到有脂質異常專業醫師的醫院，提出「檢驗小型LDL（或small dense LDL)」的申請就可以了。可適用於保險，費用大約數千日圓（依醫療院所而有不同)。有肥胖、糖尿病問題，並且被指出LDL膽固醇值偏高的人，最好能去檢查一下。(審定註：在台灣，一般醫院及檢驗所並無此項目。只有在學術研究單位及實驗室才會做此檢測。)

膽固醇多由體內製造，由肝臟調節量的多寡

人體內百分之七十至八十的膽固醇是由肝臟等臟器製造，從飲食當中攝取的大約只占百分之二十至三十。

另外，**肝臟會自動調節，將循環體內的膽固醇維持在固定的量**。當飲食中攝取過多膽固醇時，肝臟的產量就會減少。飲食中攝取的膽固醇變少時，肝臟就會製造必要的量。

其實幾乎所有體內需要的膽固醇，都是藉由**代謝**（營養素在體內分解、合成，產生新物質的功能）食物中的醣類、脂肪、蛋白質所產生的醋酸為原料，在肝臟進行合成（參考左頁上方圖示）。身體必需的膽固醇只有少部分是從食物當中攝取而來的。

順帶一提，中性脂肪不只會從飲食中攝取到，肝臟也會製造中性脂肪。肝臟合成中性脂肪所需的材料，主要是從食物中的脂肪分解出來的脂肪酸，以及米飯類、麵包類等主食或砂糖當中所含的醣類。

小型LDL是直接造成動脈硬化的單一因子。即使LDL膽

◆體內合成的膽固醇和從飲食中攝取的膽固醇

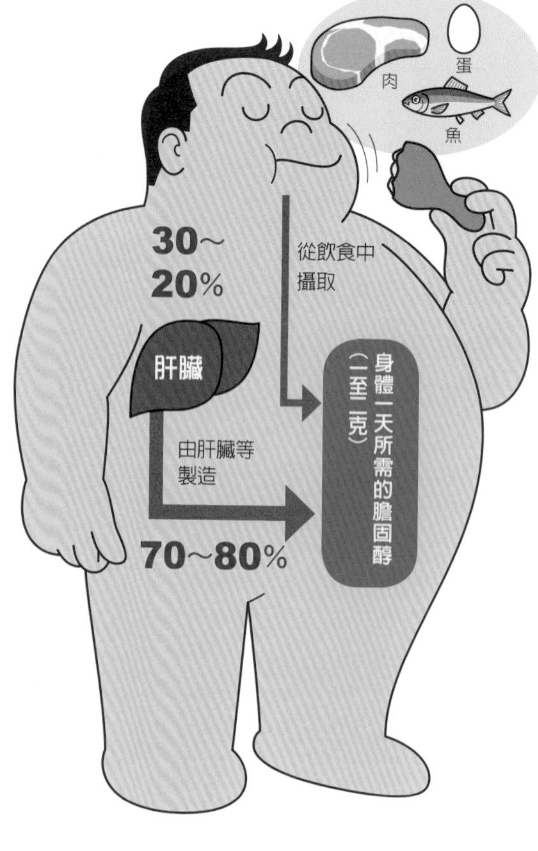

固醇值不高，但如果血液中的小型LDL值偏高，就會加速動脈硬化的惡化。這種小型LDL會在中性脂肪值高、HDL（好）膽固醇值低的狀況下增加。

但是在肝臟裡合成的膽固醇（通常一天約七百毫克）大多會在肝臟中變成**膽汁酸**。如果過度飲食，使血中膽固醇的量增加的話，肝臟生成之膽汁酸的量也會增加。

膽汁酸的主要成分是**膽汁**（消化液），膽汁酸分泌至十二指腸，幫助小腸消化食物中的脂肪。結束消化功能的膽汁酸經由腸壁吸收後再回到肝臟，就這樣在腸子與肝臟間循環，這稱爲**腸肝循環**。另外，膽汁酸的一部分會隨著糞便排出體外。

◆膽固醇是三大營養素經由複雜的過程所生成的產物

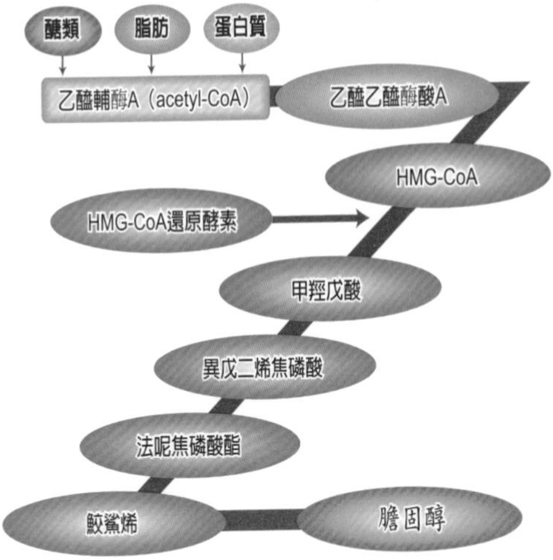

◆以膽固醇為原料所製造的膽汁酸在肝臟與腸道之間循環

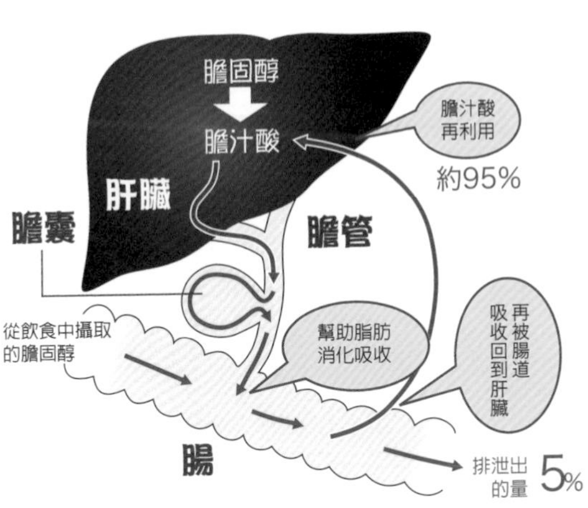

LDL膽固醇與中性脂肪過高會引起的症狀

LDL膽固醇值過高是動脈硬化的危險訊號

肝臟會自動調節血中膽固醇的量，讓細胞不致累積過多的膽固醇。但因為各種原因（請參見本書第三章）會使血中LDL（壞）增加太多，而HDL（好）減少，使動脈壁多餘的膽固醇回收量變少時，LDL膽固醇便會嵌入動脈內壁，堆積在動脈壁內部，因此容易導致動脈硬化。

另外，當LDL膽固醇增加過多時，會加速動脈硬化，容易產生血栓（血塊）。當血栓發生在腦部或心臟的血管時，就可能會造成腦梗塞或心肌梗塞等致命疾病的發作。

中性脂肪偏高會間接性導致動脈硬化

血中的中性脂肪增加時，也容易造成動脈硬化。只不過正確來說，中性脂肪並不會直接促使動脈硬化。

◆中性脂肪值和 HDL 膽固醇值的上升與下降關係有如蹺蹺板

前面說過，要將中性脂肪運送到全身有兩種路徑。一是靠乳糜蛋白來搬運飲食當中的中性脂肪，另一是靠VLDL來運送肝臟合成的中性脂肪。大致來說，**血中的中性脂肪增加，指的就是VLDL增加**。因爲乳糜蛋白只會在用餐後暫時增加（但是也有人是因爲乳糜蛋白代謝變差，空腹時乳糜蛋白也存留在血液中，而使得中性脂肪值偏高）。

◆血液中脂值偏高，就表示產生了下列一連串的代謝異常

過度飲食導致肝臟的中性脂肪和膽固醇合成增加……

↓

血中 VLDL 增加
（中性脂肪值變高）

↓

壞 LDL 的合成增加
（LDL 膽固醇值變高）

↓

超惡脂小型 LDL 增加

↓

好 HDL 減少
（HDL 膽固醇值降低）

↓

容易產生血栓

VLDL在運送完中性脂肪之後，會轉變成運送膽固醇的LDL（壞），所以VLDL的合成越多，LDL就會跟著變多，造成動脈硬化加速惡化的結果。

血液中的中性脂肪增加後，一般來說，好的HDL會減少。HDL的減少也和動脈硬化有關。另外，中性脂肪增加太多會妨礙血栓溶解，更容易產生血栓。再者，血液中的中性脂肪增加，會加速LDL變小，形成超惡脂的小型LDL。

血中膽固醇與中性脂肪量增加或減少的疾病——脂質異常症

脂質異常有三種，各有特定的診斷基準

脂質異常症是血中膽固醇或中性脂肪的量過多（或過少）的一種病症。這種病會造成動脈硬化、心肌梗塞、腦中風等，因動脈硬化所引起的疾病。只不過因爲沒有明顯的自覺症狀，所以要定期接受健檢驗血，才知道是不是這種疾病。膽固醇或中性脂肪在血液中會以脂蛋白的形式流動，所以脂質異常就是脂蛋白增加或減少。

要檢驗的脂質有三種：ＬＤＬ（壞）當中所含的膽固醇、ＨＤＬ（好）當中所含的膽固醇，以及主要含於ＶＬＤＬ當中的中性脂肪。

❶ ＬＤＬ膽固醇過多（**高ＬＤＬ膽固醇血症**）

❷ ＨＤＬ膽固醇過低（**低ＨＤＬ膽固醇血症**）

❸ 中性脂肪（triglyceride，三酸甘油脂）過多（**高中性脂肪血脂症**）

想要知道自己是不是脂質異常症的患者，就要進行血液檢查，測量血液中液體的部分（血清）１ dl（dl：公合，１ dl＝100 ml）當中有幾毫克的膽固醇或中性脂肪，再配合第三〇頁所標示的基準值，看看自己的血液檢驗結果是不是在正常數值當中來判斷。

上述三種類型之中的任何一型都會加速動脈硬化，而**ＬＤＬ膽固醇值與中性脂肪值兩項都高**的患者尤其嚴重，在這種情況下，會更加速動脈硬化的情形。

◆脂質異常的幾種情形

總膽固醇值不列入診斷基準

以前診斷時，總膽固醇值也列在診斷基準當中。不過有些人儘管總膽固醇值在基準值以下，但LDL膽固醇值卻偏高，或是只有HDL膽固醇值偏高，使得整個膽固醇值高於基準值，無法做出是否有動脈硬化危險性的正確判斷。所以日本在「動脈硬化患者預防指導方針二〇〇七年版」裡，便不再以總膽固醇值為診斷基準，而是以和動脈硬化性患者密切相關的LDL膽固醇值爲基準。（審定註：目前，台灣的情形是兩者並用。）

只不過目前在一般健診裡，會測總膽固醇值、HDL膽固醇值、中性脂肪值、LDL膽固醇值的機構不多。這時可用下頁的計算式算出，請大家參考。

另外，疾病名稱也從以前所稱的「高血脂症」更名爲「脂質異常症」。這是因爲低HDL膽固醇血症不適合稱爲「高血脂症」。

從這裡可以了解，一般來說，HDL膽固醇偏高比較好，80 mg／dl以上（審定註：台灣的標準爲50 mg／dl以上。）比較不會引發心肌梗塞等動脈硬化的疾病。

◆高血脂症的診斷基準

※ 空腹時抽血的血清 1dl 中所含的脂質量	※空腹時血清脂肪值	
高LDL膽固醇血症	LDL膽固醇	130 mg/dl以上
低HDL膽固醇血症	HDL膽固醇	未滿35 mg/dl
高中性脂肪血脂症	中性脂肪（三酸甘油脂）	200 mg/dl以上

●此項診斷基準並不是開始使用藥物的基準。
●是否需用藥物治療，必須先審視其他危險因素後再決定。

◆ LDL（壞）膽固醇值的計算方式

LDL 膽固醇值可以從血液中直接測量，或是測量總膽固醇值後減去 HDL 膽固醇值、中性脂肪值等數字，再以下列算式算出。

LDL膽固醇值 = 總膽固醇值 − HDL膽固醇值 − 中性脂肪值 ×0.2

●這種計算式只限於中性脂肪在 400 mg/dl 以下的情況。400 mg/dl 以上的患者還是要由血液直接測量。

日本動脈硬化學會「動脈硬化患者預防指導方針　2007 年版」。

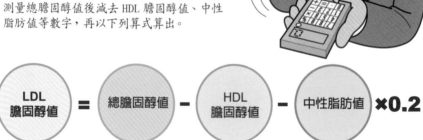

Part 2

壞膽固醇值提高，好膽固醇值降低，會造成致命的動脈硬化

ＬＤＬ膽固醇值過高會促進動脈硬化

◆各項主要死亡原因的比例（2014 年）

（審定註：台灣 2018 年十大死因前四名爲癌症、心血管疾病、肺炎、腦血管疾病。）

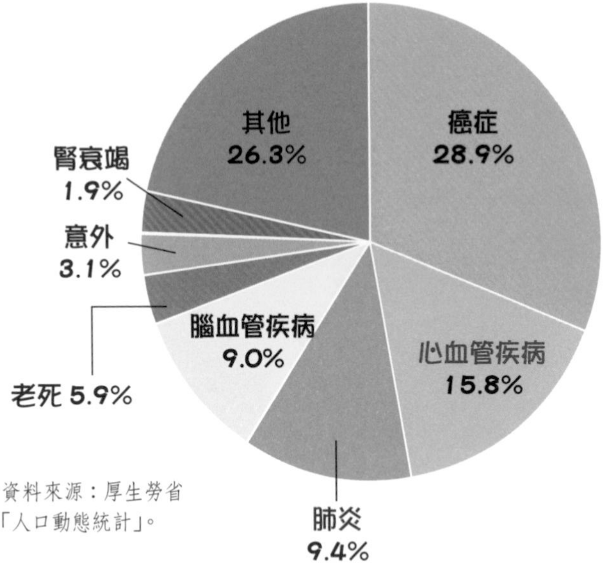

資料來源：厚生勞省「人口動態統計」。

根據日本厚生勞働省「人口動態統計」資料顯示，日本人死亡原因的第一位是癌症，第二位是**心血管疾病**（心臟病），第四位是**腦血管疾病**（也就是所謂的腦中風）。

近年來病患逐漸增加的是第二位的心血管疾病，而且大部分是指**心肌梗塞**或**狹心症**等。這是因爲輸送氧氣、養分給心肌的冠狀動脈血流不順、堵塞所引起的疾病。

值得注意的是，和血管有關的疾病占居第二位和第四位，這兩項死亡人數的比例合計直逼第一名，和癌症同爲不可掉以輕心的恐怖致死疾病。

這些心血管疾病與腦血管疾病等，血管方面所引起的，就是**動脈硬化**。尤其是血中多餘的ＬＤＬ（壞）膽固醇增加，會加速動脈硬化，提高併發血管方面之疾病的危險性。

容易發生動脈硬化的動脈以及動脈硬化所引發的疾病

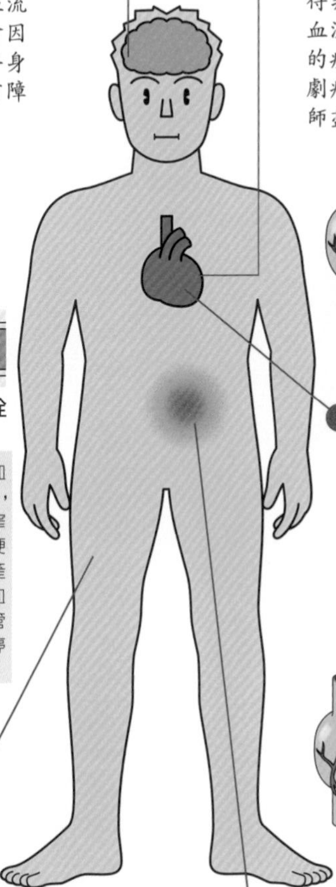

●腦梗塞

這是一種腦動脈因血栓（血塊）堵塞，造成血流停滯的疾病。腦細胞會因爲缺氧而壞死，造成半身麻痺、感覺障礙、語言障礙、視力障礙等情形。

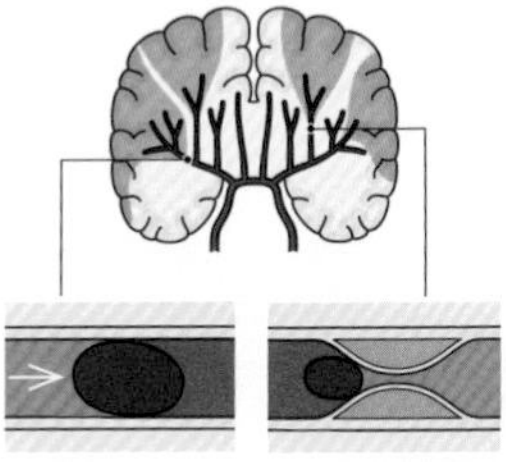

心臟等部位所產生的血塊（血栓）順著血流來到腦部，堵塞腦部血管。

腦内比較粗的血管發生動脈硬化，使血管内部狹窄或血管壁動脈硬化斑塊破裂，產生血栓，造成血流不順或是血管堵塞，使血流停滯。

●心肌梗塞

這是一種流往心臟的血液變得非常稀少，因血栓堵塞造成血流完全停滯，心肌部分壞死的疾病，整個胸部會突然發生劇痛，持續時間很長，需要醫師盡早處理。

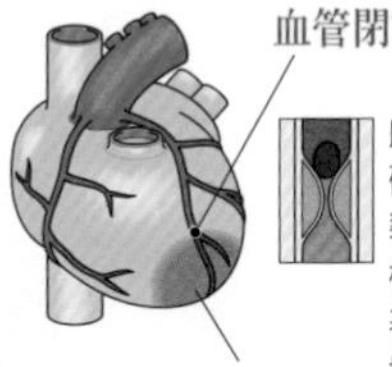

血管壁動脈硬化斑塊破裂，形成血栓，血栓附著造成血管堵塞

●狹心症

這是指流往心臟的血流暫時停滯，使心肌氧氣不足所引起的疾病，會有胸口突然緊縮的疼痛或壓迫感，通常發生於突然跑步或是爬樓梯的時候。

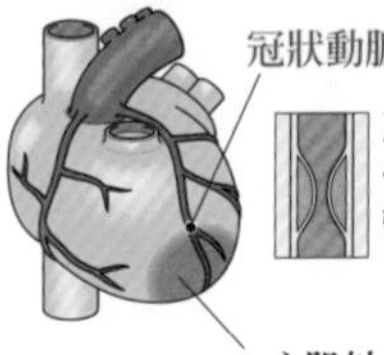

產生粥狀硬化而使血管變窄

●閉塞性動脈硬化症

大腿動脈或連接大腿的下腹部動脈產生血栓所引起的疾病。初期症狀會覺得腳部冰冷麻木，接下來則感到肌肉疼痛，沒有常常休息的話，甚至會無法行走。

置之不理的話會產生壞疽，甚至必須切除腳部。動脈硬化大多是全身性的，所以必須同時找出其他部位的動脈硬化進行治療。

●主動脈瘤

請參考下頁。

主動脈位置以及容易產生主動脈瘤的部位

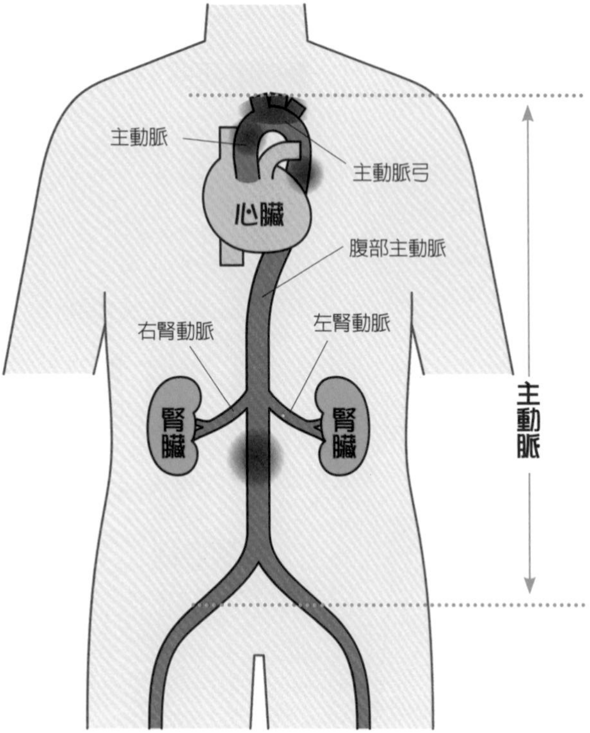

●主動脈瘤

主動脈是將心臟的血液送往全身的粗大血管。這部位發生動脈硬化時，動脈壁會向外產生鼓起的瘤狀物，這就是主動脈瘤。通常發生在腹部，也有發生在胸腔的病例。

瘤狀物過大破裂時，會造成體內大出血導致死亡，所以早期發現很重要。治療方式主要是用手術將瘤狀物除去，接上人工血管。（審定註：現在亦可用大動脈支架治療部分之主動脈瘤。）

動脈是將心臟送出的血液以很強的力道輸送往全身的血管，原本是富有彈性的血管。但長時間使用會造成老化，漸漸喪失彈性、變硬、變脆，這就是動脈硬化。

動脈硬化可以分爲**粥狀硬化**、小動脈硬化、中膜硬化三種。和LDL膽固醇有關的是又稱爲「粥狀硬化的動脈硬化斑塊（atheroma）硬化」，容易發生在較粗的動脈上，通常說到動脈硬化，多半是指這一型。

順帶一提，小動脈硬化指的是高血壓病患容易發生在小動脈的病變，中膜硬化是動脈中膜增厚而變硬，是一種老化現象。

LDL膽固醇太多，就是造成動脈硬化、惡化的要件

我們來看看LDL膽固醇太多，是如何造成動脈硬化的。

動脈壁累積了變性LDL

首先，包覆動脈壁內側的內皮（內皮細胞）會因爲高血壓或吸菸、壓力等因素而損傷，產生裂痕。

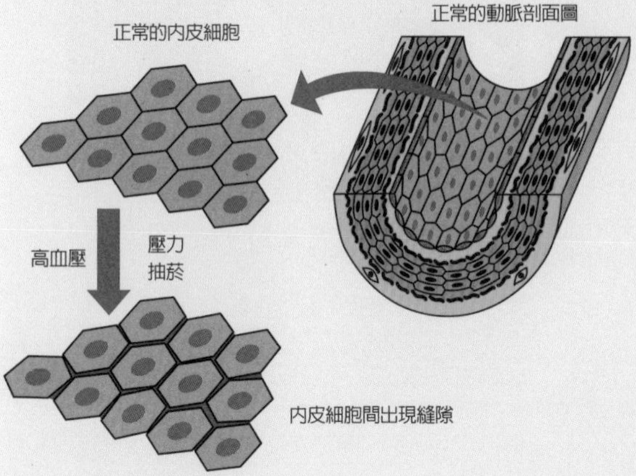

血液中的LDL太多，會使LDL或變性或小型LDL滲入內皮細胞的裂縫間。體內多餘的LDL會一直在血液中循環，當中有一部份會因活性氧而氧化形成「變性LDL」，這些變性LDL會積存在內皮下的內膜裡，刺激動脈壁內的氧化壓力上升，使得沒氧化的LDL也跟著氧化成變性LDL。

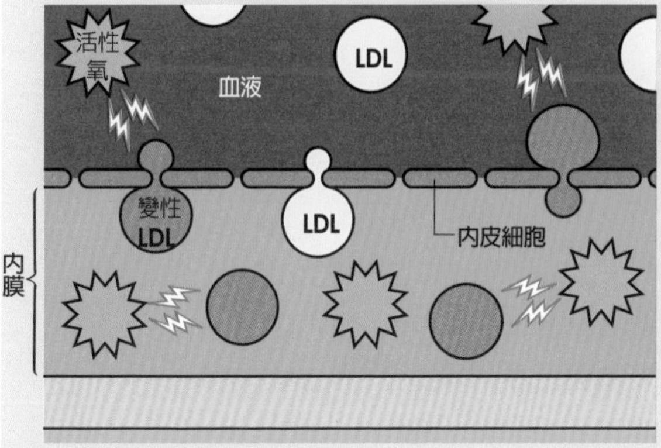

免疫細胞會吃掉變性 LDL，變成泡沫細胞

身體會把變性LDL當成異物，啓動免疫功能來排除。白血球家族中的單核細胞會聚集起來，鑽進血管壁內膜，變成大型的巨噬細胞，巨噬細胞具有捕食異物的功能，會把變性LDL包起來吃掉，巨噬細胞雖然可以一直吃掉變性LDL，但卻沒辦法分解，所以包在細胞裡的變性LDL，會釋放自己所含的膽固醇來讓巨噬細胞變大，脂質會變成一滴一滴如泡泡一般，使巨噬細胞變成泡沫細胞。

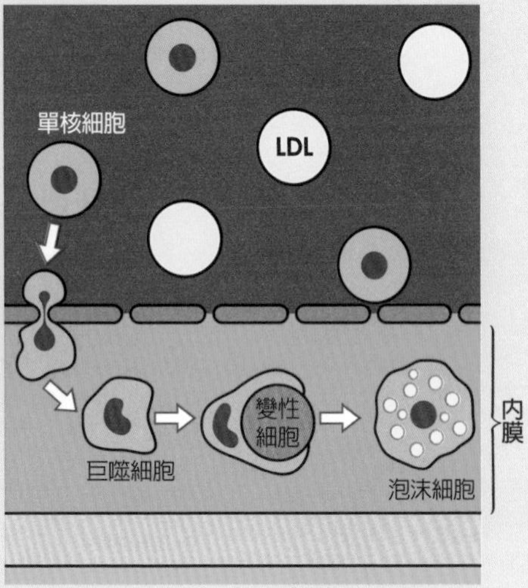

動脈壁裡產生黏稠的塊狀物

不久後，泡沫細胞會因爲膽固醇太多而破裂，這麼一來，內膜就會有膽固醇和泡沫細胞的殘骸形成的濃稠粥狀塊，這就是動脈硬化的病灶「動脈硬化斑塊」（atheroma plaque，也稱爲粥狀動脈斑塊 [Atheromatous plaque]）。

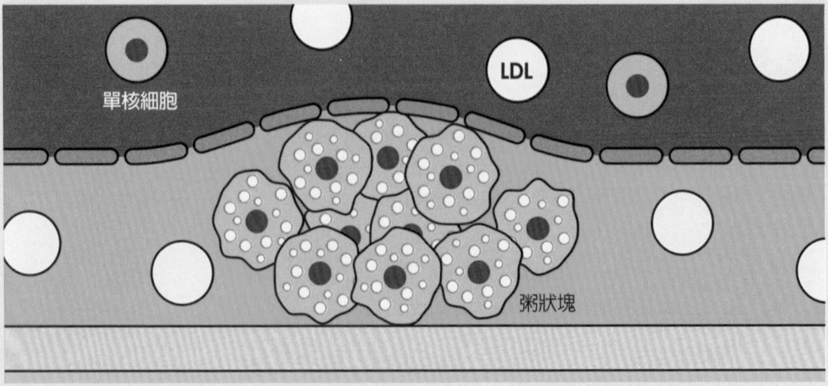

動脈內壁像腫瘤一般鼓起

當粥腫漸漸變大後，動脈內壁的一部分會像腫瘤一般地鼓起。做爲血液通道的血管內腔（血管內部的空間）會變得狹窄，同時使血管漸漸失去彈性，這就是粥狀硬化。

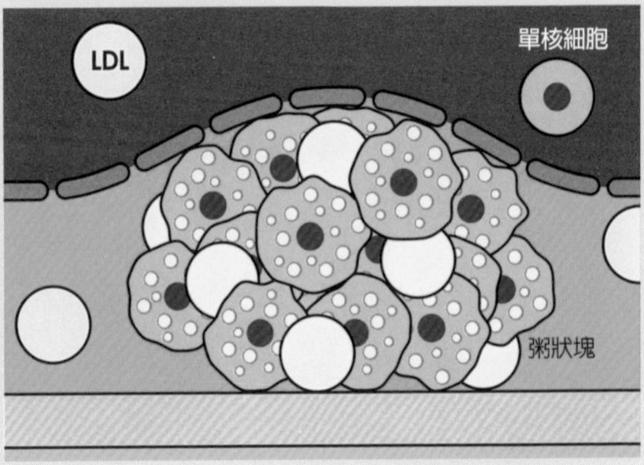

血流容易停滯，容易形成血栓

動脈硬化不只會引起血流停滯，也是形成血栓的重要原因。血栓是流經血管的血液凝結，變成類似瘡痂的東西。血管內側形成的一部分早期動脈硬化斑塊（類似脂肪塊）的表面很薄，且會產生類似局部慢性發炎的現象，只要稍微刺激一下，就可能會破裂，破了的話，血小板就會聚集起來進行傷口修補，所以容易造成血栓。

另外，血栓若無法自行溶解消散，就會越來越大，甚至會黏住變窄的血管內腔，讓動脈堵塞。這麼一來，就會造成血流堵塞，靠血液運送的氧氣與養分沒有辦法輸送到臟器，造成臟器組織壞死，腦動脈堵塞則會形成腦梗塞，流往心臟的血管堵塞則形成心肌梗塞，這些致死的疾病大多都是因爲LDL膽固醇增加所引起的。

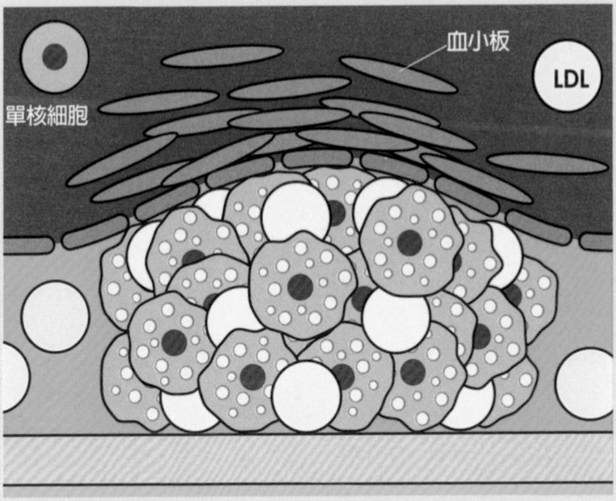

活性氧氧化形成的變性LDL，是使動脈硬化惡化的主要原因

造成動脈硬化情形惡化的主要原因之一，就是LDL太多，在前面第三五頁也有提到，其實讓LDL**氧化**（和氧氣結合）也是一大要因。

LDL雖然負責把膽固醇帶給細胞，但並不是血液中所有的LDL都會進入到細胞裡。細胞會根據表面的受體數量來吸收需要的LDL量。因此，LDL太多就會造成細胞無法吸收，多餘的LDL便在血液中游移。LDL氧化，就成為**變性LDL**，也會造成一大問題。

造成LDL氧化的其實就是活性氧。

活性氧是攻擊性強的自由基，會使體內氧化壓力上升。原本活性氧會經由呼吸，在人體內自然產生。它具有溶解侵入身體的細菌或異物，保護身體的功能，但若是活性氧太多，也會攻擊身體的細胞及組織。LDL受到活性氧攻擊會氧化，氧化的LDL（變性LDL）正是加速動脈硬化的主要原因。

◆引起動脈硬化的氧化LDL（變性LDL）

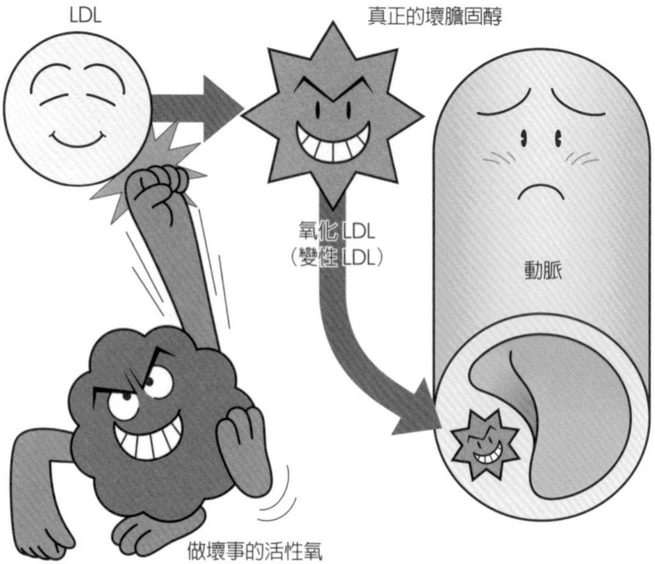

◆使體內活性氧增加的因素

其實活性氧也會傷害血管壁的細胞。活性氧會氧化細胞膜的脂質（不飽和脂肪酸），形成有毒物質——**過氧化脂質**。過氧化脂質會對周圍細胞產生連鎖反應，讓周圍細胞一個接一個地氧化，使過氧化脂質越來越多。過多的過氧化脂質會傷害血管壁，ＬＤＬ和氧化ＬＤＬ會從血管壁的傷口滲入，爲了止血，血小板也會聚集在受傷的部位負責讓血液凝結，因此容易形成血栓。

活性氧過量的原因是**紫外線、抽菸、廢氣、空氣污染、農藥、食品添加物、氧化食用油、漂白劑等。另外，過多壓力、激烈運動也會造成活性氧增加，**形成體內氧化壓力上升。

容易形成血栓，就容易造成動脈硬化

血栓是因爲血液中血小板凝聚（聚集起來成爲血塊）所造成，心肌梗塞或腦梗塞都是因爲動脈硬化造成血栓，堵住變窄的血管所引發的，所以又稱爲**血栓症**。

但是，由於血小板的凝聚功能，人體才能在受傷或是皮膚出血時，產生血塊（瘡痂）來堵住傷口，才不致使血液大量流失，同時也可以修補破損的血管。

另一方面，我們體內也有**溶解酶**（plasmin）這種可溶解不要血栓的酵素，所以才能維持血液循環順暢。產生溶解酶的就是**TPA酵素**（tissue plasminogen activator，組織漿質催化素）。

包覆血管內壁的內皮細胞會分泌TPA，但是動脈硬化的血管本身就很脆弱，當血管內壁受損時，能產生的TPA量就會減少。另外，產生代謝症候群（請參見本書第四三至四五頁）時，血液當中所增加的生理活性物質PAI-1（第一型胞漿素原活化抑制劑，請參見本書第四六頁），會抑制TPA的功能，使血栓不容易溶解。

這種狀況更容易發生在動脈硬化的病患身上。

◆血栓溶解機制

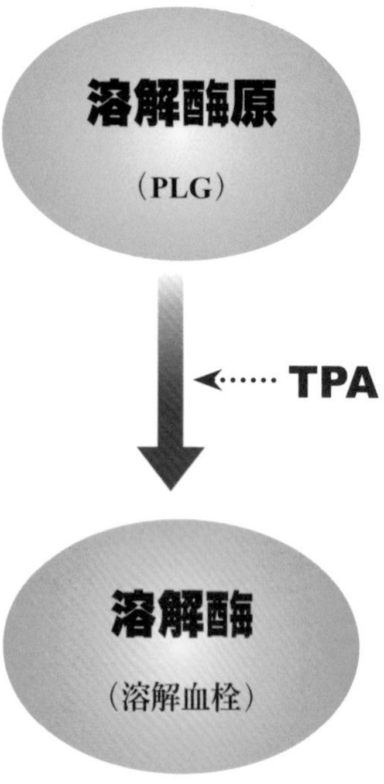

平常溶解酶原不活化，可是藉由TPA可以轉化成具有溶血作用的溶解酶。但是動脈硬化使得血管功能變弱時，TPA的量會減少，結果溶解酶也會跟著減少，使血栓不容易溶解。

脂質異常症以外，其他引發動脈硬化的因素

糖尿病和高血壓再加上抽菸，就會變成最糟狀況

動脈硬化的**危險因素**（引起疾病、惡化、加速病情進展的主要原因）當中，最容易出問題的，就是高ＬＤＬ膽固醇值等脂質異常症。但不只如此，高血壓或抽菸、糖尿病、壓力等，也都是動脈硬化的危險因素。

當中**糖尿病**（醣代謝異常）和脂質異常症往往並列爲重大危險因素，若同時具有這兩個要素的話，簡直就是對動脈硬化的病情火上加油。

這兩項如果再加上**高血壓**的話，就可稱爲是動脈硬化的**三大危險因素**。高血壓指的是從心臟送出的血流，對血管壁施加過強壓力的狀態。前面已經提過，這種高壓血流會傷到動脈內側。

高血壓加上脂質異常時，在血液中游移的ＬＤＬ便容易侵入因高血壓而受傷的血管壁，造成動脈硬化。如果再對血管壁施加更強的壓力，就會使ＬＤＬ更容易侵入，進一步讓動脈硬化的狀況更形惡化。

如果再加上**抽菸**，那無疑是最糟狀況了。在心肌梗塞等因心臟病而猝死的病例中，吸菸者是非吸菸者的四倍。香菸具有升高血壓，讓血液容易凝結的作用。而且吸菸者或高血壓患者、糖尿病患者，以及停經後婦女的ＬＤＬ，會受到活性氧影響而容易氧化，更會增加動脈硬化的傾向。

脂質異常症的治療目標就是改善膽固醇值，但是治療目的是為了預防動脈硬化。要達到這個治療目的，不只要改善脂質異常症，也必須改善高血壓和醣代謝異常，以及戒菸。

◆會造成「動脈硬化」，以及「動脈硬化所引起之疾病」的危險因子

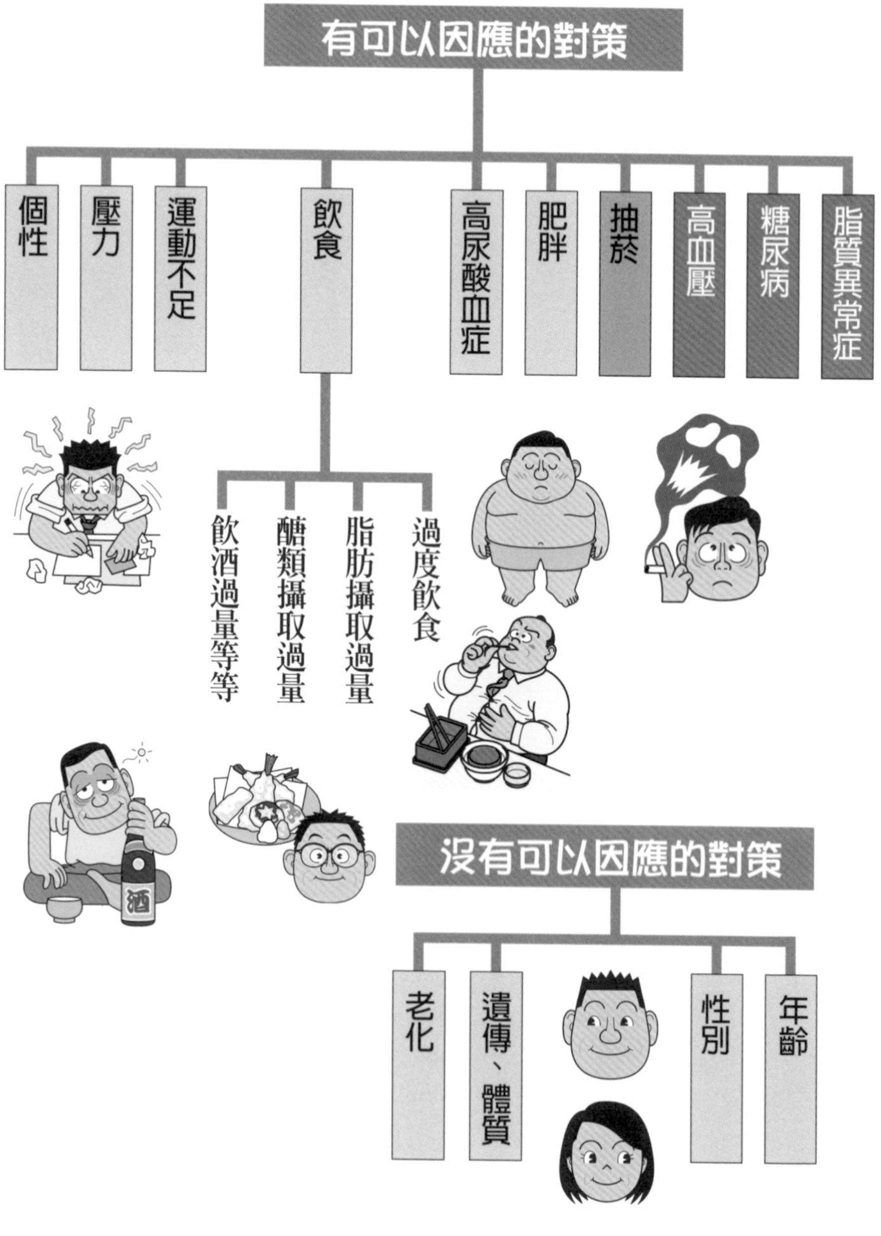

代謝症候群也是導致動脈硬化的高危險因素，要多加注意

內臟脂肪型肥胖的人容易發生動脈硬化

中性脂肪會運送到肌肉等全身組織，以便做爲活動時所需的能量，而沒有用完的部分則轉變成體脂肪儲存起來。體脂肪可堆積在皮下組織，也可堆積在內臟周圍。

包住小腸、支撐小腸的膜叫做腸間膜，**內臟脂肪**主要是堆積在這些腸間膜裡的體脂肪。內臟脂肪太多的狀態，就稱爲**內臟脂肪型肥胖**。內臟脂肪型肥胖加上下面任何兩項因素：高中性脂肪值，或是低HDL（好）膽固醇值、高血壓、高血糖等，就陷於**代謝症候群**（內臟脂肪症候群）的狀態。容易引起動脈硬化，也容易引發心肌梗塞、腦梗塞等動脈硬化的相關疾病。

◆脂肪是如何黏在腹部上的？用電腦斷層來看看

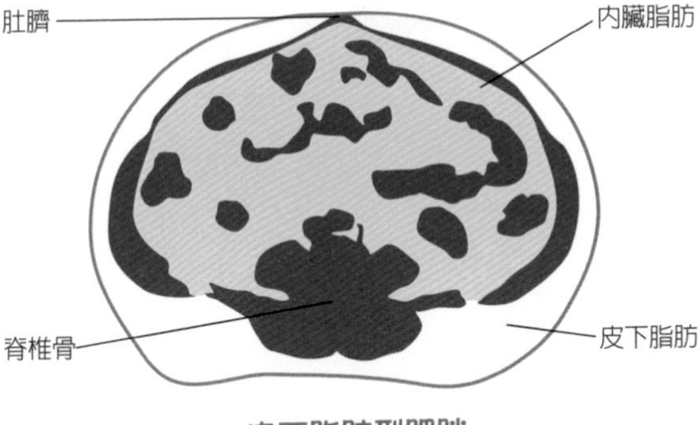

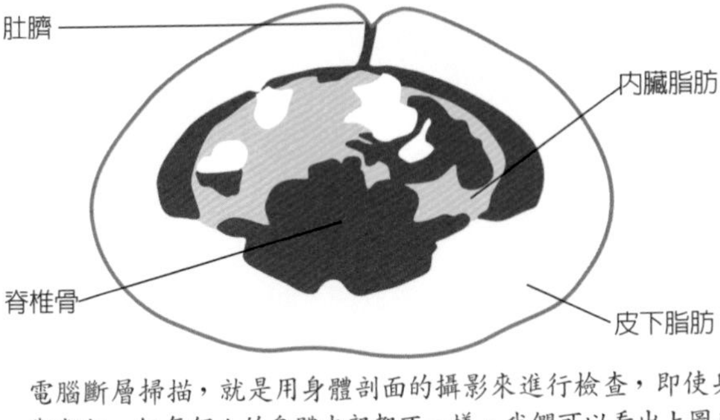

電腦斷層掃描，就是用身體剖面的攝影來進行檢查，即使身體外觀類似，但每個人的身體內部都不一樣。我們可以看出上圖爲內臟脂肪型肥胖的人，內臟之間堆積了內臟脂肪，下圖是皮下脂肪型肥胖的人，腰部周圍與肚臍周圍累積了皮下脂肪。

有別於高ＬＤＬ膽固醇值的其他動脈硬化因素

其實在代謝症候群的診斷基準裡並未列入ＬＤＬ（壞）膽固醇，這是因爲代謝症候群和ＬＤＬ膽固醇值偏高（高ＬＤＬ膽固醇血症）不完全相同，它是另一種以綜合性方式造成動脈硬化惡化的高危險狀態。

◆代謝症候群的診斷基準

此診斷基準爲 2005 年 4 月日本的「代謝症候群診斷基準檢討委員會」發表的內容。（審定註：台灣的診斷標準請參見第 160 頁。）

❶ 有內臟脂肪堆積

肚臍位置的腹部尺寸（腰圍）
●男性 85cm以上
●女性 90cm以上

是

以下3個項目有條件符合者

❷ 血脂異常

血脂方面
●中性脂肪150 mg/dl以上
●HDL（好）膽固醇值未滿40 mg/dl
（審定註：在台灣為男性未滿40mg/dl，女性未滿50mg/dl）
兩項當中的其中一項或是兩項皆是

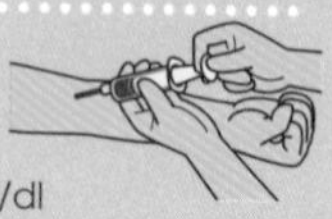

❸ 高血壓值

血壓方面
●收縮壓在130 mmHg以上
●舒張壓在 85 mmHg以上
兩項當中的其中一項或是兩項皆是

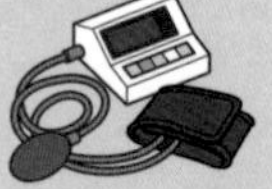

❹ 高血糖

血糖值方面
●空腹時血糖值在110 mg/dl以上

有兩項以上符合

你是代謝症候群的中獎人！

雖然高血糖、高血壓也列爲代謝症候群的條件，但由於代謝症候群的定義中，血糖、血壓基準比糖尿病、高血壓的診斷基準略低，也就是說，血壓值上升屬正常偏高的血壓，血糖值高則被認爲疑似糖尿病。

總而言之，**代謝症候群是血脂肪值、血糖值、血壓值等一個個地惡化所集結的綜合性問題**。高ＬＤＬ膽固醇血症合併代謝症候群時，由於動脈硬化會更加惡化，所以必須針對這兩種病症進行治療。

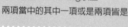

脂肪細胞會分泌促進動脈硬化的物質

最近的研究顯示，當體內的內臟脂肪堆積過多時，內臟脂肪細胞會釋放各種**生理活性物質**，如加速動脈硬化的PAI－1、提高血壓的血管張力素原（Angiotensinogen）、引起免疫功能異常的脂肪酶（adiposin）等物質到血液當中。

只不過，內臟脂肪細胞不是只有害處，正常時，特別是有必要時，它也會分泌脂締素（adiponectin）等有益的生理活性物質。

◆腹部周圍尺寸（腰圍）的正確量法

測量腰圍通常要比褲頭或裙頭的位置略低，大約是以肚臍位置水平測量。

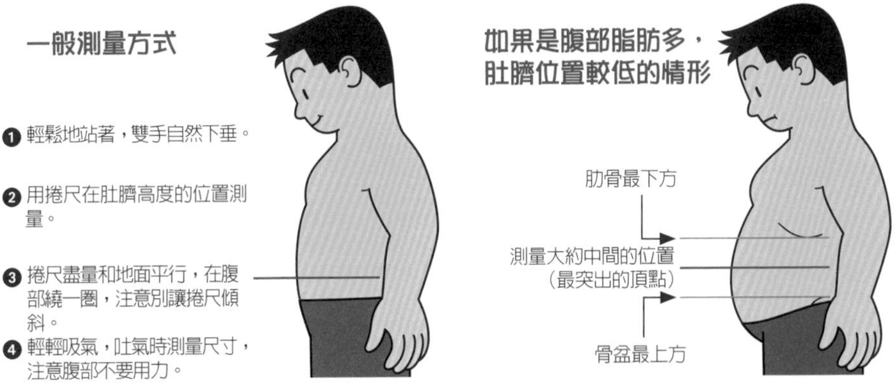
一般測量方式
❶ 輕鬆地站著，雙手自然下垂。
❷ 用捲尺在肚臍高度的位置測量。
❸ 捲尺盡量和地面平行，在腹部繞一圈，注意別讓捲尺傾斜。
❹ 輕輕吸氣，吐氣時測量尺寸，注意腹部不要用力。
如果是腹部脂肪多，肚臍位置較低的情形
肋骨最下方
測量大約中間的位置（最突出的頂點）
骨盆最上方

◆「內臟脂肪型肥胖」可能性很高的人

一般來說，這些人通常可能有內臟脂肪型肥胖。

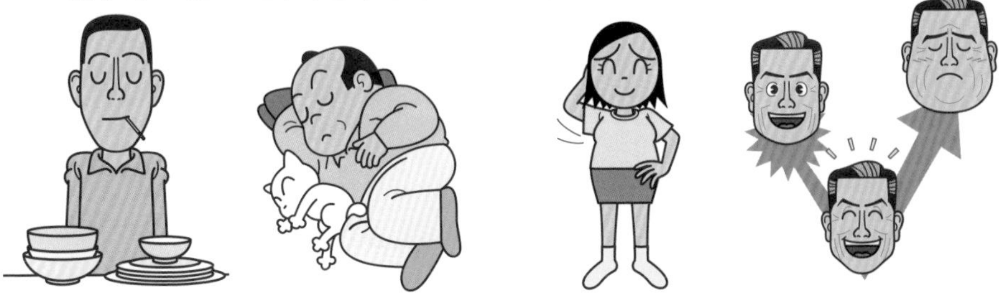

食量很大的瘦子　運動不足的人　身體胖但四肢瘦的人　減重後會復胖（不減重就變胖）的人

◆脂肪細胞會分泌各種生理活性物質

有些生理活性物質會加速動脈硬化和高血壓，有些會引起醣類和脂質代謝的異常，有些會引起免疫功能異常，但只要體脂肪適量，它所分泌的生理活性物質（如脂締素）也可以協助血管壁修復的工作。

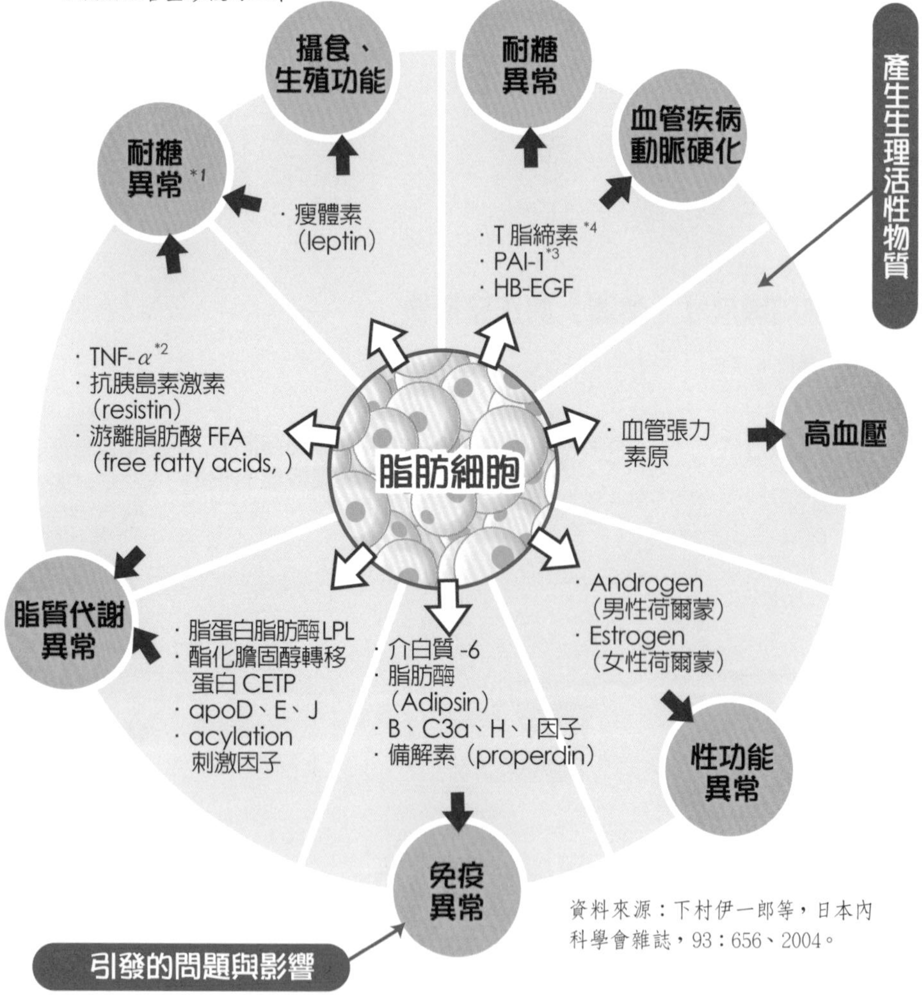

資料來源：下村伊一郎等，日本內科學會雜誌，93：656、2004。

*1：**耐糖異常**
耐糖功能所指的是將上升的血糖值拉回正常，這項功能由胰臟的胰島素分泌反應與分泌量來決定。耐糖異常指的是這項功能失調，使血糖值降不下來。

*2：TNF-α
即腫瘤壞死因子（tumor necrosis factor-α），會攻擊腫瘤。即使是在癌症末期，身體也會大量分泌 TNF-α 來攻擊癌細胞。只不過當身體分泌 TNF-α 時，會造成肌肉與脂肪組織的胰島素功能不佳。(請參見本書第 52 至 53 頁)

*3：PAI-1
PAI-1（plasminogen activator inhibitor-1，第一型胞漿素原活化抑制劑）具有容易產生血栓的作用。

*4：**脂締素**
脂締素（Adiponectin）由脂肪組織產生，在血液中流動，具有修復血管壁，防止動脈硬化，提高胰島素功能等優良功能，但內臟脂肪堆積會造成分泌不佳，使脂締素的血中濃度下降。

Part 3

這些都是造成壞膽固醇增加，好膽固醇下降的原因

吃太多、熱量攝取太多，是造成ＬＤＬ膽固醇上升的原因

膽固醇高不一定是吃了太多高膽固醇的食品

身體會自動調節血液中ＬＤＬ的膽固醇，維持在適當的量，所以不會有太大的變化，可是還是有人會因爲各種原因，而使得ＬＤＬ膽固醇過度偏高，或越來越高。

當中最主要的原因就是有問題的飲食生活。

一般來說，大家都認爲這是因爲吃了太多高膽固醇的食物，但光是如此還不太會影響體內膽固醇的量。因爲有百分之七十至八十的膽固醇是身體肝臟自然產生的，想要抑制身體自行合成膽固醇，就要從飲食當中減少攝取會造成膽固醇製造過多的物質，才能進行調整。我們可以說，**其實是因為飲食過量，攝取太多熱量，才會使ＬＤＬ膽固醇增加**。

飲食過量所合成的ＶＬＤＬ，會造成ＬＤＬ膽固醇值上升

食物當中有三大營養素：醣類（碳水化合物）、蛋白質、脂肪會成爲熱量來源。蛋白質不只構成人體組織，也是人體的熱量來源，而脂肪當然也是熱量來源之一。在這當中，醣類占了的熱量來源一大半。

米飯類與麵包等主食當中富含的澱粉、砂糖等都是醣類。會轉變成熱量的，是靠胃腸分解後所形成的葡萄糖。

前面已經說過，脂肪（中性脂肪）是以乳糜蛋白的形式從小腸進入血液中，在全身的組織裡分解爲游離脂肪酸，然後轉變成熱量加以利用。如果吃得太多，運動太少，就沒辦法轉成熱量，乳糜蛋白的中性脂肪就會殘存下來，這些剩餘的中性脂肪被游離脂肪酸分解後，再和中性脂肪合成，儲存在脂肪細胞（脂肪組織）當中。

另外，一部分剩餘的中性脂肪會變成乳糜微粒殘餘物運送到肝臟，分解後變成脂肪酸。

◆從飲食中攝取的醣類、脂肪變成中性脂肪，儲存在體內的過程

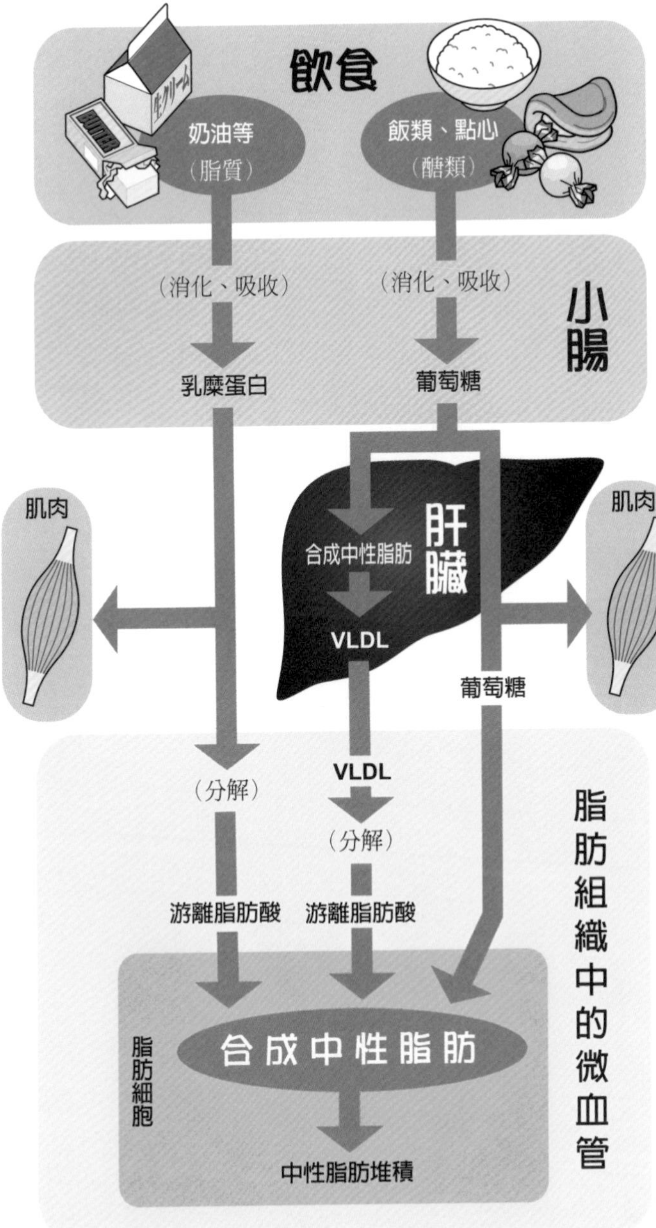

此外，無法消耗完而殘存的葡萄糖會轉成中性脂肪，不只會變成皮下脂肪或內臟脂肪儲存起來，也會運送到肝臟儲存。

肝臟會因爲吃得太多而提高膽固醇的合成（請參見本書第二四至二五頁），而且這些存起來的葡萄糖、脂肪酸會變成原料，不斷地產生中性脂肪。這時的脂肪酸有乳糜微粒殘餘物分解所產生的，以及脂肪組織所釋放出的。（請參見本書第五一頁）

吃太多所產生的中性脂肪和膽固醇，會合成出過多的VLDL並釋放到血液中，VLDL最後會變成LDL，所以吃得太多會增加許多LDL。

◆肝臟會以脂肪酸與葡萄糖合成的中性脂肪做為主要原料，產生 VLDL

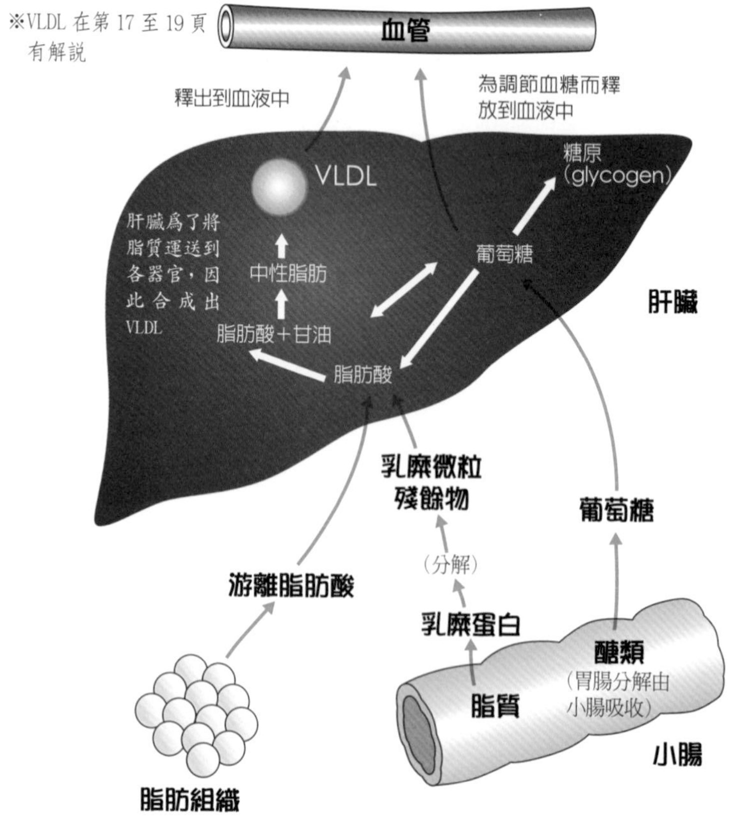

肥胖造成更多中性脂肪，形成惡性循環

如果一直吃太多，又不運動的話，就容易肥胖。肥胖是一種在皮下與內臟周圍堆積過多中性脂肪的狀態。而且人越胖，血液中的脂質就越多。

整個結構就如下圖所示。

在肝臟裡，葡萄糖與游離脂肪酸合成出中性脂肪，以VLDL的形式運送到全身組織，由游離脂肪酸分解為熱量來使用。多餘的游離脂肪酸會被吸收成爲脂肪組織，再合成爲中性脂肪後儲存起來，儲存得太多就會導致肥胖。

變胖後，增厚的脂肪組織當中的中性脂肪會在用餐後再度分解，大量釋放游離脂肪酸到血液當中，並輸送到肝臟。這麼一來，肝臟會將這些游離脂肪酸當成原料，再產生更多的中性脂肪，合成更多的VLDL。

就這樣，當人體越來越胖時，血中的VLDL就會變得更多，成爲一個循環，而使中性脂肪值連帶著LDL膽固醇值也越來越高。

◆吃太多的話，肥胖的惡性循環會增加 VLDL

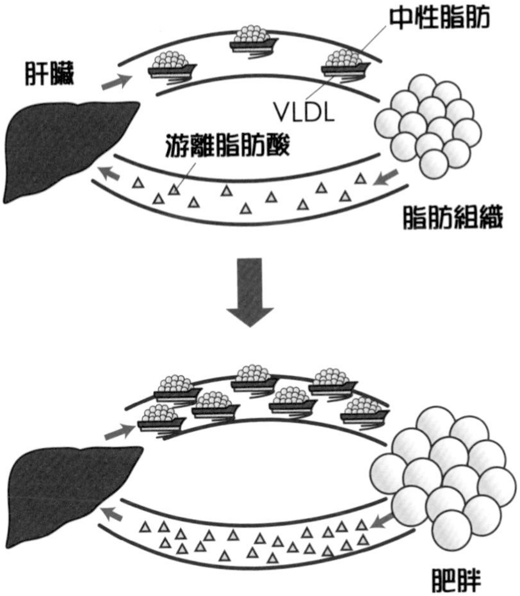

肥胖造成胰島素阻抗，使得ＬＤＬ膽固醇增加

胰島素助長肥胖

胰島素的功能就是將熱量來源——葡萄糖，送到細胞裡，讓葡萄糖發揮功效。

開始用餐的十五分鐘後，身體會分解、吸收營養素，血液中的葡萄糖會增加，所以血糖值會上升（溶於血液當中的葡萄糖稱爲**血糖**，**血糖值**就是血糖的濃度）。而胰臟就會配合著分泌胰島素到血液中。其實胰島素不只是幫助血糖轉化熱量供給細胞等使用，還能夠幫助血液中的葡萄糖進入脂肪細胞中，促進中性脂肪合成。

另外，胰島素也可以分泌酵素（**脂蛋白脂肪酶**［lipoprotein lipase, LPL］），促進ＶＬＤＬ或乳糜蛋白當中的中性脂肪分解成游離脂肪酸與甘油。也就是說，從結果來看，胰島素可以提供游離脂肪酸，幫助脂肪細胞內的中性脂肪進行合成。所以胰島素會幫助中性脂肪儲存在脂肪細胞（脂肪組織）當中，助長肥胖。

內臟脂肪型肥胖造成的胰島素阻抗性，也是脂質異常症的主要原因

但是，中性脂肪大量囤積在（主要是內臟）脂肪組織裡會造成內臟脂肪型肥胖，而且當血液中釋出大量游離脂肪酸時，這些多餘的游離脂肪酸就會阻礙胰島素將葡萄糖輸送到細胞中。另外，肥胖會使脂肪組織分泌生理活性物質ＴＮＦ－α，這種物質會使胰島素不容易產生作用，像這種雖然沒有減少胰島素分泌，但造成胰島素作用降低的情形，就稱爲**胰島素阻抗性**。

◆胰島素助長肥胖，變胖之後反而會阻礙胰島素的功能，從而增加血中脂質的量

產生胰島素阻抗性後，葡萄糖就不容易進入細胞裡，使血糖降不下來。這麼一來，身體爲了降低血糖，就會大量分泌胰島素，結果反而促進中性脂肪的合成，使體脂肪更容易堆積。

在這當中，胰臟會漸漸疲乏而減少胰島素的分泌。因此，血糖值會上升，同時由於胰島素阻抗性的存在，葡萄糖容易在血液中一直循環。

此時，多餘的葡萄糖會送到肝臟，做爲合成中性脂肪或膽固醇的原料，並轉成VLDL釋出到血液中，所以會造成中性脂肪值升高，連帶著LDL膽固醇值也跟著偏高。

同樣是肥胖，內臟脂肪型肥胖者的中性脂肪值較容易升高

同樣是肥胖，不過代謝症候群所產生的**內臟脂肪型肥胖**，比皮下脂肪型肥胖更容易引起脂質異常症。

內臟脂肪是身體暫時儲存多餘養分的脂肪組織，因此內臟脂肪的新陳代謝會比皮下脂肪還旺盛，經常不斷地進行合成（變成中性脂肪）和分解（變成游離脂肪酸）。內臟脂肪型肥胖的特徵是吃太多馬上就變胖，運動消耗熱量後馬上就減少。

內臟脂肪型肥胖會從厚厚的脂肪組織中釋放出許多游離脂肪酸。腸間膜的血液會透過連結腸道與肝臟的血管——門脈全部流回肝臟，所以游離脂肪酸也會透過門脈全部流回肝臟。

內臟脂肪越多，流回肝臟的游離脂肪酸會越多，沒用到的游離脂肪酸也會變多。肝臟會將這些多餘的游離脂肪酸做爲原料，產生大量的中性脂肪。當然也會增加血液中的中性脂肪量。這麼一來，自然而然會造成脂質異常症。

順帶一提，如果肝臟所合成的中性脂肪過多，就會來不及處理而無法釋放到血液中，使得肝臟細胞中的中性脂肪累積得越來越多，這種肝臟內累積過多脂肪的情形，就是**脂肪肝**。

◆檢查有無內臟脂肪囤積

如果同時具有下列好幾項，就越有可能累積過多內臟脂肪。

幾乎不運動
雖然肚子挺了出來，
但抓起來不會很厚，
可以很容易抓起來
最近變胖了
（體重增加）
喜歡甜食
腰帶變緊了

不當的飲食或飲食習慣，會造成飲食過量、熱量過多

過度飲食會引起肥胖的原因，就是飲食的量過多，以及下面幾種有問題的飲食方式與習慣：

喜歡、常吃油炸食物

脂肪的熱量比蛋白質、醣類多了二倍，屬於高熱量養分。因此如果喜歡吃脂肪較多的食物，會吸收過多熱量，容易導致肥胖。

對食物有所好惡，會偏食

通常大家想到的偏食，是指不太吃蔬菜、海藻類，其實光吃肉不吃魚也是一種飲食問題。

脂肪的成分—脂肪酸可大致分爲飽和脂肪酸與不飽和脂肪酸兩種。

肉類的油脂大多含飽和脂肪酸，飽和脂肪酸攝取過多，會增加血中LDL膽固醇，而魚類當中的EPA和DHA多含不飽和脂肪酸，可以減少血中的中性脂肪和LDL膽固醇。

快食

吃太快容易吃得太多，食慾是由大腦食慾中樞的飽食中樞與攝食中樞來控制的。飽食中樞會對血糖上升起反應，送出「肚子飽了，別再吃了」的訊息。這個訊息大約要在餐後二十至三十分鐘左右才會送出。但如果吃太快，會不斷地往胃裡送食物，在飽食中樞發出訊息之前，就已經吃進過多食物了。

副餐很多，常吃甜的點心或速食

除了一天的三餐以外，還在點心時段吃很多的話，當然會吃進過多食物，造成肥胖和脂肪值上升。尤其是吃很多糖分高的食物時，更容易增加中性脂肪。

像是洋芋片等速食零食，或是加了許多奶油、鮮奶油等的蛋糕、餅乾也是一大問題。這些食物含有糖分、脂肪，屬於高熱量食物，不只會使人攝取過多熱量，也會造成胰島素分泌增加，容易使體脂肪堆積。

經常不吃早餐

不吃早餐會使上午處在輕微飢餓狀態，身體會自然想要節省熱量。因爲身體有防禦反應，所以會在下一餐攝取更多熱量，以轉變成體脂肪儲存起來。

吃宵夜或在就寢前飲食

身體在晚上製造中性脂肪的功能會比較活化，如果很晚用餐或是在睡前用餐，會使身體累積過多的中性脂肪而容易肥胖，提高血中脂肪值。

用餐時間不規則，沒有好好地吃三餐

這種吃法容易造成肥胖，長時間未進食，等到下一餐時肚子會很餓，這種模式反而會吃得過快或過多。

而且用餐間隔時間拉長後，身體會有防衛本能，因爲「不知道什麼時候才能吃飯」，所以會提高胃腸的消化能力。

沒正常吃的話，在下一餐用餐時，胰島素會分泌得比平常更多，以便將吃下去的東西盡量轉成中性脂肪儲存起來。

有些人用餐時會攝取過多膽固醇，造成ＬＤＬ膽固醇值上升

我們體內有維持血中膽固醇固定濃度的調節功能。另外，身體從食物中攝取的膽固醇量遠低於我們的想像，通常只有占百分之二十至三十。因此一般來說，即使吃了太多富含膽固醇的食品，對ＬＤＬ膽固醇值也不應有太大的影響才是。

但是每個人的身體吸收能力都不大相同，也有人是完全不會吸收的。但是ＬＤＬ膽固醇值高的人，其膽固醇吸收率往往比普通人更高，這樣的人如果從食物當中攝取太多膽固醇的話，ＬＤＬ膽固醇值也會跟著上升。

這是因爲攝取太多膽固醇的話，肝臟的膽固醇值也會跟著變高，使肝細胞的ＬＤＬ受體數量減少，血液中的ＬＤＬ就不容易進入肝臟裡。

飲酒過量會造成中性脂肪增加

適量的酒精可以增加好的HDL

大家都知道適量飲酒可以促進血液循環，消除緊張、壓力。而且可以增加好的HDL膽固醇。另外，從各種統計裡，也可以知道「適量飲酒的人比完全不喝酒的人，更不容易有狹心症或心肌梗塞」，由此可知，飲酒和增加HDL膽固醇之間有些關聯。

飲酒過量會增加中性脂肪

可是**酒精攝取過量，卻會提高中性脂肪值**。

肝臟雖然會分解酒精，但若是酒精攝取過多，會使體內熱量過多，導致體內游離脂肪酸過高，加速肝臟之中性脂肪的合成，變成VLDL釋放到血液中，增加血中的中性脂肪量。而且不斷攝取酒精會引起肝功能障礙，好的HDL不但無法增加，甚至還有可能會降低。

另外，酒精的另一項功能是增進食慾，如果下酒菜或是零食吃得太多，會攝取過多熱量導致肥胖，助長高LDL膽固醇血症。

壓力會造成血中ＬＤＬ膽固醇增加

當遭遇到強大的壓力時（不安、恐怖、擔心、憤怒等），交感神經會受到刺激，腎臟上方的臟器——腎上腺皮質會大量分泌出一種荷爾蒙（**皮質醇**）。另外，腎上腺髓質會分泌**兒茶酚胺**（catecholamine），兒茶酚胺是腎上腺素、去甲腎上腺素等荷爾蒙的總稱。

皮質醇、兒茶酚胺具有增加血中游離脂肪酸的功能，增加後的游離脂肪酸會在肝臟裡合成爲膽固醇和中性脂肪，變成ＶＬＤＬ釋放到血液中，最後造成血液中的ＬＤＬ膽固醇增加。

此外，不管是皮質醇或是兒茶酚胺，都有促進血糖值上升的作用。

另外，一旦壓力累積，將會造成自律神經混亂而無法控制食慾，變得容易吃太多。這也就是壓力會導致暴食的原因。這麼一來，便容易造成肥胖，並且增加中性脂肪和ＬＤＬ膽固醇。

兒茶酚胺在加速心跳時，同時也具有收縮血管讓血壓上升的作用。另外，也會加速血小板凝集，讓血液容易凝結產生血栓。也就是說，壓力不只會增加ＬＤＬ膽固醇，也是造成動脈硬化疾病發作的危險因素。

◆壓力會引起脂質異常症，加速動脈硬化的過程

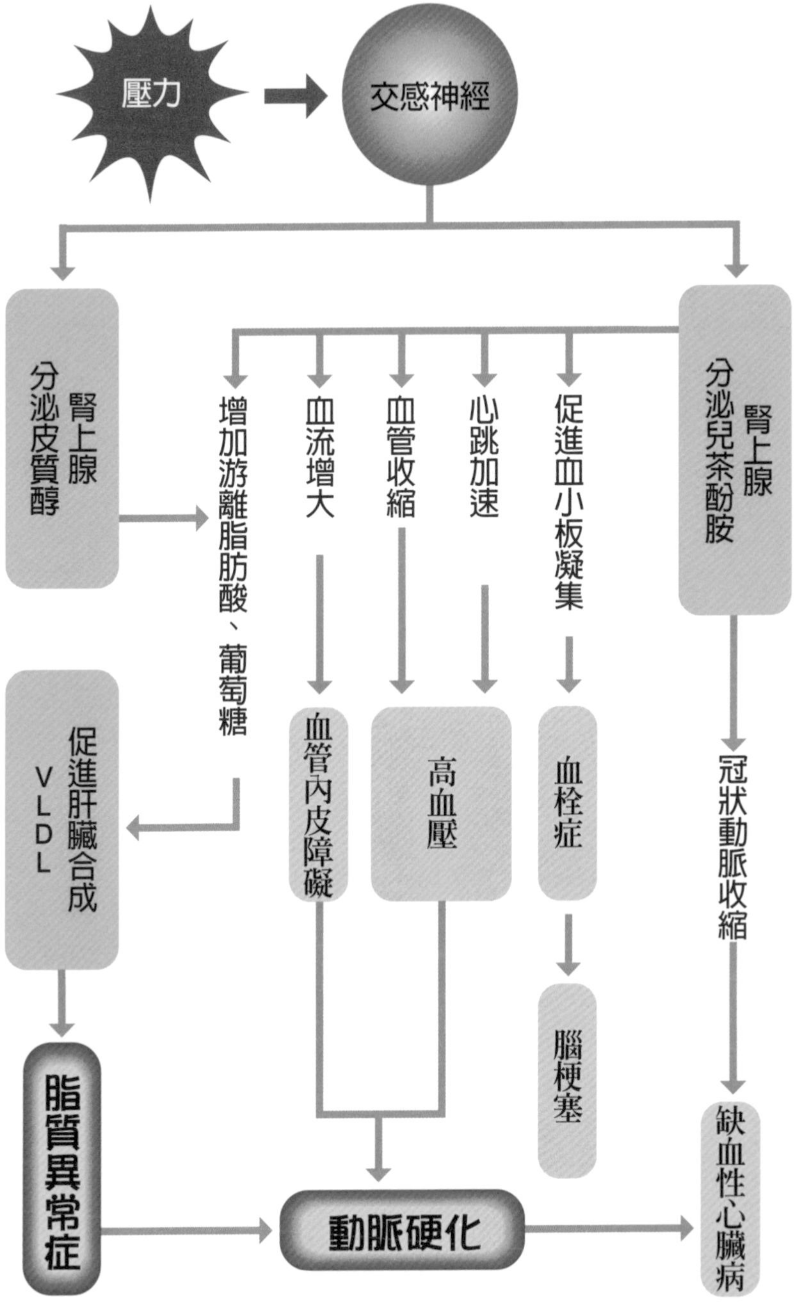

抽菸會使ＬＤＬ膽固醇增加，造成ＨＤＬ膽固醇減少

最有效減少ＨＤＬ的動作就是抽菸

抽菸會加速中性脂肪合成，合成後的中性脂肪會變成ＶＬＤＬ釋放到血液裡，所以會增加血中的中性脂肪和ＬＤＬ膽固醇，減少ＨＤＬ膽固醇。這種情形的部分原因，是由於香菸中的**尼古丁**會促進**兒茶酚胺**的分泌所造成的。

在某些資料裡也指出，香菸的吸入量越多，越會造成中性脂肪增加，發生ＨＤＬ膽固醇降低的後果。也就是說，抽菸對膽固醇的壞影響在老菸槍的身上尤其顯著。**最能夠有效減少ＨＤＬ膽固醇的方式，可以說就是抽菸**。

香菸煙霧所含物質會促進動脈硬化

抽菸也是動脈硬化的重大危險因素。香菸當中的尼古丁會促進兒茶酚胺的分泌，促使血管收縮，加速心跳，導致**高血壓**。讓血液容易凝結，容易產生**血栓**。

另外，抽菸會造成血中一氧化碳增加。一氧化碳會和血紅素結合（血紅素是一種含於紅血球中的蛋白質，可和氧結合，將氧帶到全身）。使得血液中的**血氧不足**，對組織器官造成缺氧的負面影響。

再者，香菸的煙會在體內產生**活性氧**，傷害血管內皮細胞，使LDL氧化變性。變性的LDL容易侵入受傷的血管裡，也容易使血小板凝集。

這些都是加速動脈硬化（粥狀硬化）的主要原因。

另外，抽菸會減少血液中防止氧化的成分（胡蘿蔔素與維生素C等）。抽一根菸就會減少二十五毫克的維生素C，這麼一來，LDL就更容易氧化，更容易發生變性了。

◆尼古丁對血中脂質的影響

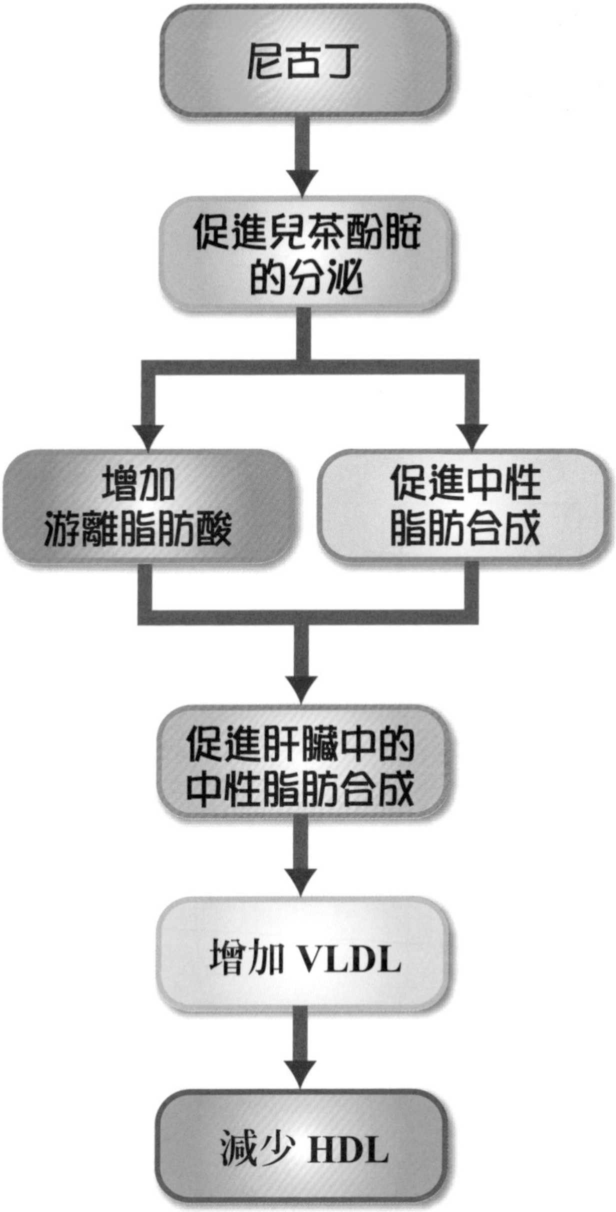

資料來源：引自 Brischetto,CS,et al:Amer J Cardiol, 52:675, 1983，並做部分修改。

女性停經後造成女性荷爾蒙失衡，容易使ＬＤＬ膽固醇增加

女性停經前後的幾年之間，也就是**更年期**的那幾年當中，**容易有ＬＤＬ膽固醇值偏高的情形**。這時期的女性荷爾蒙會產生變化，出現更年期障礙等各種生理節奏混亂與不適的症狀，也容易造成ＬＤＬ膽固醇值上升。造成女性荷爾蒙失衡的原因，是由於女性荷爾蒙——**雌激素**減少。

女性荷爾蒙有黃體激素和雌激素兩種。黃體激素主要是爲懷孕做準備的荷爾蒙，而雌激素是在月經來時大量分泌的荷爾蒙，除了打造女性化的體型之外，也具有守護女性身體健康的各種功能。

女性荷爾蒙的重要功能之一，就是提高ＬＤＬ受體的功能，抑制血中增加過多的ＬＤＬ，促進膽固醇的分解與排出，讓ＬＤＬ膽固醇維持在正常值。因此女性在每次的生理期間，雌激素都會保護動脈免受ＬＤＬ膽固醇傷害，因此老化造成動脈硬化的症狀也比較輕。

◆更年期以後的女性荷爾蒙和膽固醇之間的關係

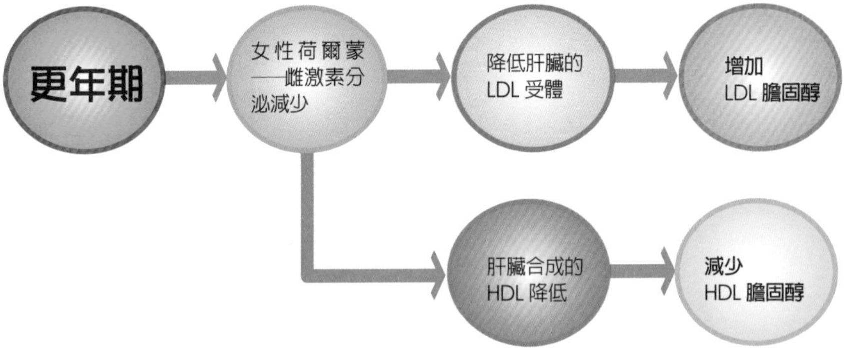

◆女性在更年期過後，心血管疾病患者急速增加

此圖表為依年齡、性別來調查1,000人當中的心血管疾病患者。50歲之前，男性是女性的3至4倍，但50歲後，女性患者的比例急速增加，到70歲時，男女的比例幾乎相當。

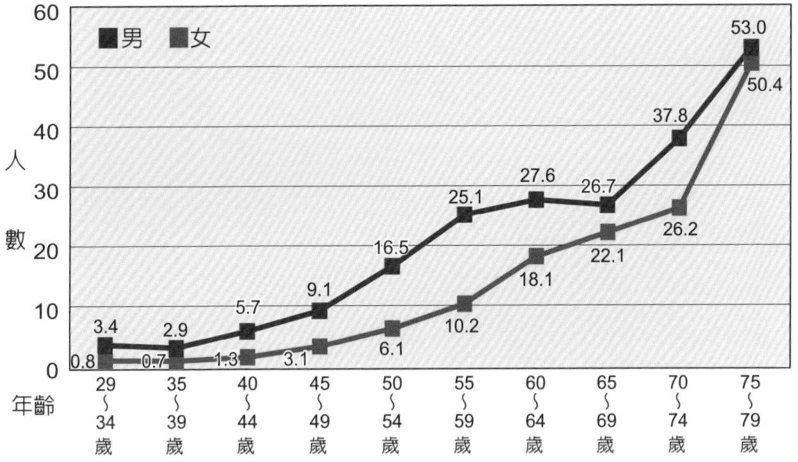

資料來源：Kannel等，Ann. Int. Med. 85, 447, 1976。

雌激素的另一個功能促進肝臟合成ＨＤＬ。但是停經後會造成雌激素分泌減少，ＨＤＬ也開始減少，ＬＤＬ增加。使得回收、處理黏在動脈壁上之膽固醇的能力變差，所以容易使膽固醇堆積在血管壁上，造成動脈硬化，提高腦梗塞或心肌梗塞的發生機率。在實際數據上，女性的狹心症與心肌梗塞發生率也是在四十至五十歲停經後遽增。

好膽固醇ＨＤＬ減少的原因

血液中的中性脂肪太多，會促進動脈硬化。

原因之一就是因爲運送中性脂肪的ＶＬＤＬ變多。在代謝順利進展下，ＶＬＤＬ會轉成ＬＤＬ，使血液中的ＬＤＬ容易增加。還有一點是能夠「拔除黏著於血管壁上的膽固醇，將膽固醇運送到肝臟」的ＨＤＬ會減少。也就是說，**中性脂肪會阻礙ＨＤＬ的增加**。

其實也可能只有ＨＤＬ減少，但臨床上常看到的情形是ＨＤＬ減少的同時，中性脂肪也增加，也就是說，中性脂肪值高的話，就表示ＨＤＬ減少的可能性也較高。

其他造成ＨＤＬ膽固醇值下降的原因還有**抽菸**、**運動不足**、**肥胖**、**服用某些降壓藥**（參見本書第七〇頁），**以及代謝症候群**、**基因異常等**。

尤其是肥胖引起胰島素阻抗性，會降低ＨＤＬ的生成量，使血液中的ＨＤＬ膽固醇減少。

遺傳造成的ＬＤＬ膽固醇增加

尤以家族性高膽固醇血症最多

有些ＬＤＬ膽固醇值偏高的原因是因為遺傳，這稱為**家族性高膽固醇血症**。這類患者的血親，多有ＬＤＬ膽固醇值偏高的現象。

這個病是因為本身體質在處理ＬＤＬ的能力異常所引起。例如生來就沒有ＬＤＬ受體或是受體數量偏少，因為這種異常，使得ＬＤＬ沒辦法或不容易進入細胞中，而停留在血液裡，造成ＬＤＬ膽固醇值偏高。

家族性高膽固醇血症的患者，血親中也多有LDL膽固醇值偏高的情形。

家族性高膽固醇血症有兩種

家族性的高膽固醇血症，主要有兩種類型。

一種是雙親都有異常基因，使得孩子生來就缺少ＬＤＬ受體，這種稱為**同型合子**（AA或aa等）。這種類型的患者，每一百萬人之中大約有一人，非常罕見。

另一種是遺傳到雙親其中一人的遺傳基因，所以ＬＤＬ受體的功能只有正常人的一半，這屬於**異型合子**（Aa），日本每五百人之中就有一人，並不罕見。約占高ＬＤＬ膽固醇血症整體的百分之五。

這兩種人明明和一般人吃相同的食物，但從小就會出現高LDL膽固醇值。也因此患者往往年紀輕輕就會產生動脈硬化，也容易引起心肌梗塞。如果是同型合子的情形，甚至有人在幼兒時期就因心血管疾病而致死，異型合子的人常在三十多歲就有狹心症或心肌梗塞的經驗。

另外，除了有家族性高LDL膽固醇血症之外，還有血液中VLDL增加太多，使中性脂肪值太高的「家族性高中性脂肪血脂症」等各種家族性脂質異常症。

◆家族性高膽固醇血症的兩種類型

家族性高膽固醇血症有兩種類型。一種是雙親都有異常基因，使得孩子生來就缺少 LDL 受體(同型合子)。另一種是遺傳到雙親其中一人的遺傳基因，使得 LDL 受體的功能只有正常人的一半（異型合子)。

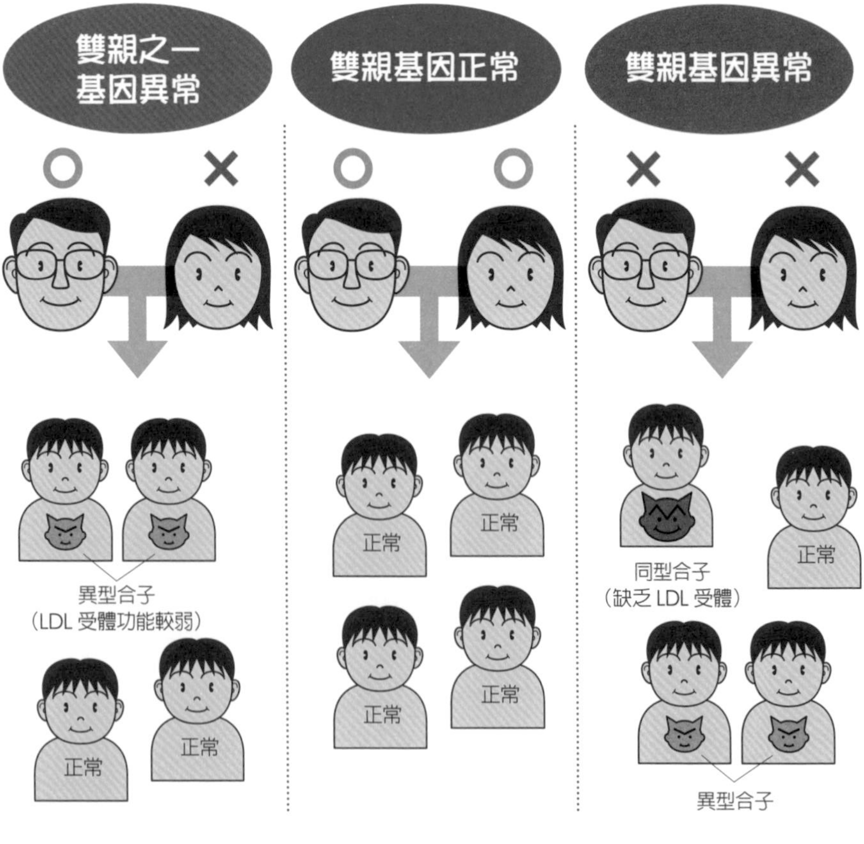

因其他疾病或服用某種藥物所造成的脂質異常

糖尿病與甲狀腺的疾病、肝臟病、腎臟病等也會造成脂肪值異常

還有一些其他的疾病也會使脂肪值偏高。

首先，會影響脂肪值的就是**糖尿病**。糖尿病患者有百分之二十至五十都有脂質異常症。每個人程度不同，一般常見的是中性脂肪值偏高，不過ＬＤＬ膽固醇值偏高，或ＨＤＬ膽固醇值偏低的情形也很常見。

甲狀腺的疾病（**甲狀腺功能低下症**）也會引起高ＬＤＬ膽固醇血症。因爲甲狀腺的荷爾蒙分泌不足，會影響肝臟或器官組織的ＬＤＬ受體，使其數量變少，讓膽固醇不易進入組織裡。

肝臟病也容易造成ＬＤＬ膽固醇值偏高，例如**閉塞性黃膽**，或是發生於中年女性身上，一般比較少見的**原發性膽汁鬱積性肝硬化**（primary biliary cirrhosis, PBC）。

也有腎臟病所引起的脂質異常症，具代表性的就是**腎病症候群**（nephrotic syndrome），幾乎所有腎病症候群患者都有ＬＤＬ膽固醇值偏高的現象。另外，罹患慢性腎衰竭的患者，也會有中性脂肪值偏高，ＨＤＬ膽固醇值降低的情況。

治療其他疾病的藥品也會提高脂肪值

服用某些藥物也會造成血中脂肪值上升。常見的這類藥品有某些降壓藥、荷爾蒙製劑、免疫抑制劑等等（如下表）。

當然，因為病人需要這些藥劑，醫師才會開立，所以病患不能自行決定服藥、中斷服藥或減少劑量，尤其是降壓藥，如果停用，將會持續處在高血壓狀態，可能會加速動脈硬化的惡化。長期服用這些藥物時，要定期檢驗血液。另外，如果有異常，一定要告訴主治醫師，好好討論病情。

◆可能會引起脂質異常的藥品

藥物種類		作用
降壓劑	利尿劑（thiazide 類）	●會提高膽固醇值和中性脂肪值 ●會降低 HDL 膽固醇
	β 阻斷劑（Atenolol、propranolol）	●會提高中性脂肪值 ●會降低 HDL 膽固醇值
荷爾蒙製劑	口服避孕藥	●會提高中性脂肪值
	類固醇製劑	●會提高膽固醇值
	雌激素製劑	●會提高膽固醇值和中性脂肪值
免疫抑制劑	環孢靈（cyclosporin）	●會提高中性脂肪值
角化症治療藥	類視色素（retinoid）	●會提高中性脂肪值和膽固醇值
漱劑	含碘藥品	●會造成甲狀腺功能降低，使膽固醇值提高
精神藥品	chlorpromazine、imipramine	●會提高膽固醇值和中性脂肪值 ●會降低 HDL 膽固醇值

想要降低LDL膽固醇，就要先改善生活習慣

符合脂質異常症的診斷基準的人（請參考本書第三〇頁）如果想要改善血脂肪值，就要採取一些對策。

前面提過，引起脂質異常症的原因除了遺傳，以及其他疾病所引起的之外，大多數原因都出在**有問題的飲食，以及不規律的生活習慣**。因此可以說，脂質異常症簡直就是生活習慣病的代表之一，所以只要審視自己的生活習慣，絕大部分的脂質異常症通常都可以改善。如果被診斷出LDL膽固醇值偏高的話，治療的第一步，就是先從調整自己的飲食、運動等生活習慣下手。

這當中最大的要點就是**改善飲食生活（飲食療法）**。另外，有抽菸習慣的人要盡快**戒菸，再養成做一些輕度運動的習慣（運動療法）**。

一般來說，徹底實踐自我療法大約三至六個月，就可以看到一定的成果。

如果這樣還是達不到該有的脂肪值目標，就要請醫師來判斷開始使用**藥物治療（藥物療法）**。不過，即使採用藥物療法，還是要持續之前改善過的飲食與運動習慣。治療的根本之道，和改善生活習慣密不可分。

◆自我治療 3 至 6 個月後，通常會有一定的成效。

◆降低 LDL 膽固醇值，提高 HDL 膽固醇值的改善之道

脂質異常症有下列四大療法

1. 飲食療法

（改善飲食生活）

主要是調節飲食量，以及飲食當中的脂質、醣類總量。攝取方式以及改善飲食習慣也是一大要點。

2.運動療法

增加熱量的消耗量，促進脂肪代謝，預防、消除肥胖。

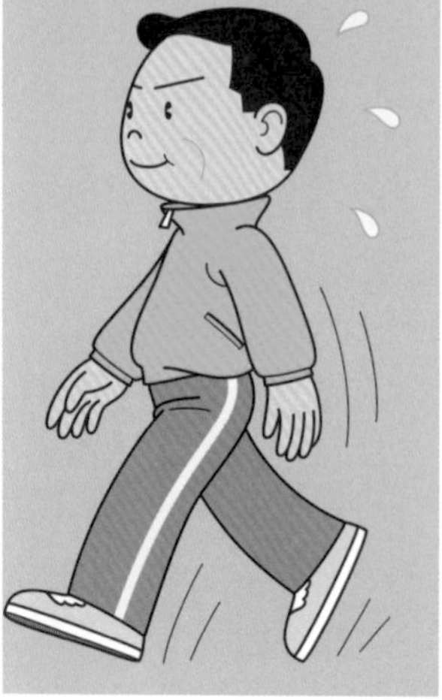

3.改善生活習慣

改善喝酒、抽菸、壓力累積等飲食習慣之外的壞習慣。

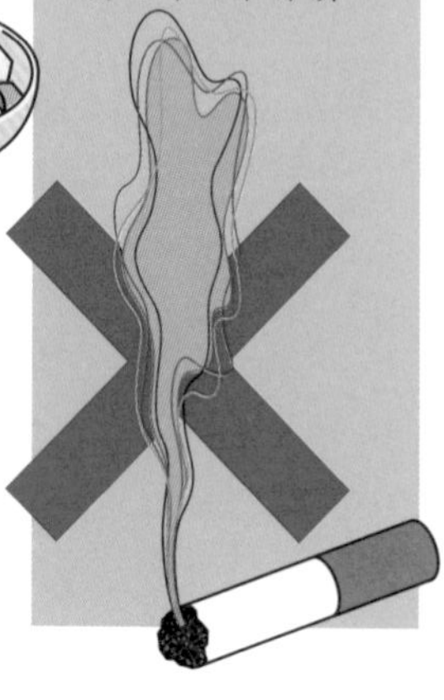

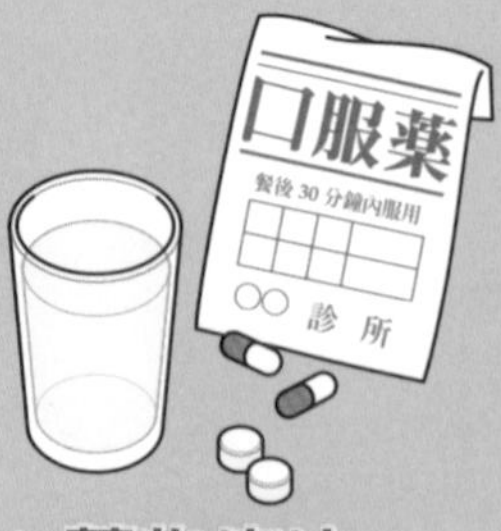

4.藥物療法

遵從醫師指示，服用降低膽固醇值、中性脂肪值的藥物。

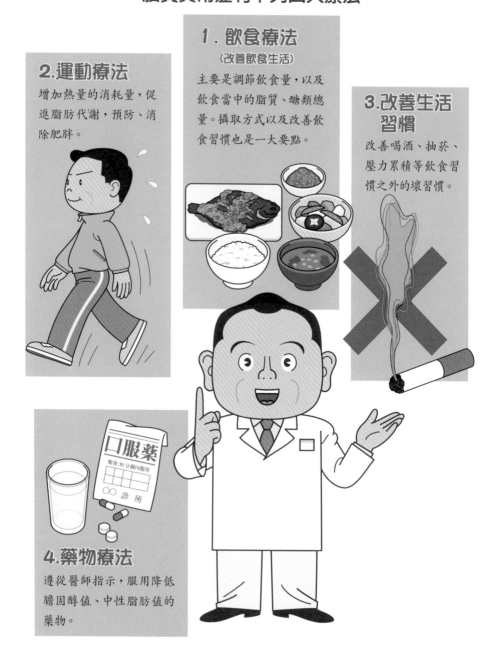

有無冠狀動脈疾病等危險因素的多寡，會決定脂肪的目標值

醫師要根據每個患者引發冠狀動脈疾病之危險因素的數量和程度，來訂出脂肪值的治療目標值。這個目標值請參考本書第七四頁。

首先，這個表格分成患者不曾發生心肌梗塞或狹心症等冠狀動脈疾病（預防第一次發作），和曾有心肌梗塞或狹心症等冠狀動脈疾病發作（預防再次發作）兩種。第一次發作的預防，除了LDL膽固醇值以外，還會根據幾項引發冠狀動脈疾病的主要危險因素，將危險程度分成三級。也就是低風險、中風險、高風險三種，各有治療目標值。

對於再次發作的預防，建議把LDL膽固醇值目標訂在比預防第一次發作還低的「100 mg／dl」。這個目標值比脂質異常症診斷基準值「140 mg／dl」還要嚴苛。從近幾年的臨床試驗結果來看，LDL膽固醇值比平均值低的話，可以預防冠狀動脈疾病患者復發，而且可以降低死亡率、減少腦中風發作。目前已知，LDL膽固醇值降低到「100 mg／dl」以下時，是再發作比例最低的數值。

在治療方法上，目前較受重視的是預防第一次發作及再次發作的同時，也進行飲食、運動生活的改善。

在預防第一次發作時，必須在實際改善生活後，由醫師檢測脂肪值的變化情形，再因應動脈硬化疾病的風險，來判斷是否需要藥物治療。

對已有冠狀動脈疾病的患者來說，原則上，預防再次發作，需要改善生活習慣與藥物治療同時進行。

另外，這個「各級危險脂質管理目標值」充其量都只是一個參考標準而已，應根據每個人的生活習慣，適度調整實際的脂質管理目標值。

◆依風險別劃分之脂質管理目標值

治療方針的原則	類型		脂質管理目標值		
	LDL 膽固醇值以外之主要危險因素數量◎		LDL 膽固醇值	HDL 膽固醇值	中性脂肪值
預防 第一次發作 先改善生活習慣，再考慮要不要採用藥物治療	I（低危險群）	0	未滿 160 mg/dl	40 mg/dl 以上（註：台灣為男性>40mg/dl 女性>50mg/dl）	未滿 150 mg/dl
	II（中危險群）	1～2	未滿 140 mg/dl ※（審定註：台灣為未滿 130mg/dl）		
	III（高危險群）	3 以上	未滿 120 mg/dl ※（審定註：台灣為未滿 100mg/dl）		
預防 再次發作 改善生活習慣的同時，採取藥物治療	曾有冠狀動脈疾病發作		未滿 100 mg/dl		

進行脂質管理的同時，也要改善其他危險因素（如戒菸，及高血壓、糖尿病等的治療）

※ 審定註：美國 modified ATP-III guideline 為台灣心臟科醫師建議之版本。

◎除了 LDL 膽固醇值之外，其他會引起冠狀動脈疾病的主要危險因素

- ① 高血壓
- ② 抽菸
- ③ 糖尿病（含耐糖異常）
- ④ 男性 45 歲以上，女性 55 歲以上
- ⑤ 有心臟病的家族史
- ⑥HDL（好）膽固醇值低（低 HDL 膽固醇血症）

●併發糖尿病、腦梗塞、閉塞性動脈硬化症屬於第Ⅲ類。

●若有家族性高膽固醇血脂症，則另做其他考量。

Part 4

效果卓越！降低壞膽固醇，提高好膽固醇的飲食生活、飲食方式、食品選擇要領

改善脂質異常的最基本飲食生活

要改善脂質異常症，最重要的就是**正確的飲食生活**。以下都是基本規則，只要遵守這些規則，就可以改善血中脂肪值。請和自己現在的生活比較一下，看看能不能做得到。

早、中、晚一日三餐要均衡

❶ 每天飲食規律

每天的三餐都要大約在固定的時間有規律地進食。早餐到午餐，午餐到晚餐之間，大約間隔5至6小時比較適當，用餐節奏規律，不但能防止吃零食或是大吃特吃，還能有效地消耗體內儲存的中性脂肪。

不要吃宵夜或太晚用餐

睡前3小時之內用餐中性脂肪值比較容易升高，所以要遵守「晚上不要太晚吃，睡前3小時不吃東西」的規則。想要避免吃宵夜的祕訣，就在於不要太晚睡，睡前才不會想吃東西。夜貓子們請一定要改成早上型的生活作息。

❷ 飲食要適量

飲食適量（也就是攝取適當熱量）是預防、改善所有生活習慣病的必需項目。要預防、消除肥胖，就一定要做到適當的飲食（請參見本書第 80 至 81 頁）。

❸ 攝取均衡營養

健康飲食的基本原則就是食量適當，均衡地攝取必要的營養素。偏食或只吃自己喜歡的食物，會使營養不均衡（請參見本書第 82 至 89 頁）。

喝酒節制，適量就好

過度飲酒會升高中性脂肪值，有高中性脂肪血脂症的人，光是戒酒，就可以降低一定程度的中性脂肪值（請參見本書第 128 至 129 頁）。

不吃零食

只要不吃零食就可以容易做到一天三餐，適當且均衡的飲食。如果做到這一點，很多人在消除肥胖以及改善脂肪值上，都可以有很大的效果。

降低壞ＬＤＬ膽固醇與中性脂肪的飲食要點

好的ＨＤＬ膽固醇不容易增加，目前我們可以做的對策有戒菸、運動，以及消除肥胖。在用餐方面，則採取適當調整中性脂肪值的對策。

中性脂肪和ＨＤＬ膽固醇之間常呈現蹺蹺板的關係（請參見本書第一二六頁），想增加ＨＤＬ膽固醇，就要先降低血中的中性脂肪。另外，除了這些要點之外，不要忘了攝取大豆食品（請參見本書第一三二至一三四頁），以及青背魚類（請參見本書第一三五至一三六頁）。

❹ 克制脂肪攝取量 均衡攝取各種脂肪

在所有食品當中，油脂類熱量最高，攝取太多會造成熱量過剩，導致中性脂肪和膽固醇增加。脂肪攝取量的建議標準在本書第 96 至 103 頁。另外，均衡攝取脂肪類的參考在本書第 106 至 107 頁。

❸ 克制脂肪攝取量 均衡攝取各種脂肪

脂肪攝取量的建議標準在本書第 96 至 103 頁，均衡攝取脂肪類的參考在本書第106至107頁。

❹ 盡量不喝酒

請參見本書第 128 至 129 頁。

降低LDL膽固醇值的飲食要點

❶ 食量要適當

食量增加，在體內合成的膽固醇量也會增加。完全吃飽就太多了，記得吃八分飽就好。（請參見本書第 80 至 81 頁）

❷ 減少攝取高膽固醇的食品

從食物當中攝取的膽固醇量，一天要控制在 300 mg 以下，不要攝取過多含膽固醇的食品。（請參見本書第 92 至 95 頁）

❸ 增加食物纖維的攝取量

食物纖維會幫助體內吸附膽汁酸，讓多餘的膽固醇排出體外，因此要多吃蔬菜，積極攝取食物纖維。（請參見本書第 112 至 115 頁）

降低中性脂肪值的飲食要點

❶ 食量要適當

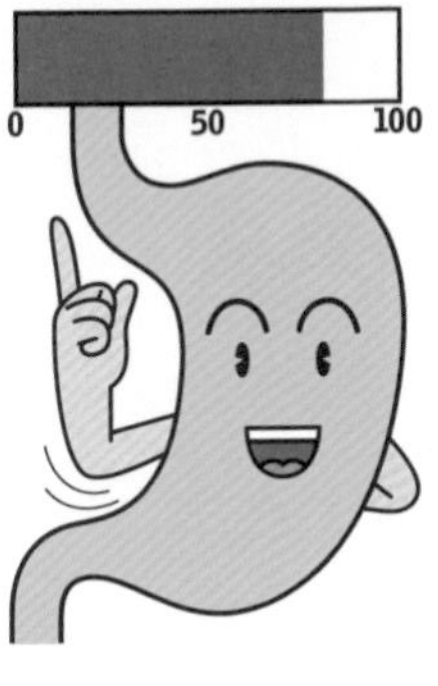

如果吃太多，多餘的熱量累積下來，一部分會轉成血液中的中性脂肪。完全吃飽就太多了，記得吃八分飽就好。

❷ 別吃太多醣類（糖分）

糖分攝取過多會變成中性脂肪，不要攝取過多添加砂糖的食品（點心類、果汁類等）（請參見本書第 108 至 110 頁）。另外，不要吃太多水果，以免攝取過多果糖。

改善飲食生活的最大要領就是不要吃太撐，改吃八分飽

要改善脂肪值最大的要點就在於**別吃太多**，要把飲食當中所攝取的總熱量（飲食量）**控制在適合自己的範圍內**，這才是改善血中脂肪值的第一步。要考量適當的飲食量，就要思考自己**一天當中所需的總熱量**，以攝取一天最小活動限度的所需熱量爲限。

每個人一天當中所需的熱量會依性別、年齡、身高、體重、活動量而不同。可用左頁的計算式簡單算出需要的標準。

一般使用的是以ＢＭＩ（Body Mass Index＝身體質量指數）來計算標準體重。順帶一提，如果你現在的體重超過標準的話，就表示有可能是吃太多了，因此從現在開始記得要減量。這樣做也可以預防脂質異常症及動脈硬化。

標準體重一公斤所需要的熱量，會因爲活動量的程度而有不同。如果是辦公桌作業等輕度勞動的情形，大約是二十五至三十大卡。

例如，體重六十公斤的人，一天的飲食熱量要控制在一千五百至一千八百大卡左右。想維持標準體重，就要維持適當的熱量，請依照自己體重的變化來加減一天所需熱量。

適當飲食量的計算法

●1 天所需的熱量計算法

1 天所需熱量（kcal）＝ 標準體重（kg）× 標準體重 1 kg 所需的熱量（kcal）

●標準體重的計算法

標準體重（kg）＝ 身高（m）× 身高（m）× 22

[例]
身高 158 cm 的人，標準體重＝ 1.58×1.58×22 = 54.9 kg

●標準體重 1 公斤所必需的熱量

辦公室工作的事務員、技術人員、管理人員等	25 ～ 30 kcal
常在外面跑的業務員、店員、工人等	30 ～ 35 kcal
農漁業工作人員、建築業者等	35 ～ 40 kcal

※ 在上述數字範圍內，身型較瘦者或年輕人可選擇較高的數字。
相反地，肥胖者或是高齡者則選擇較低的數字。

營養均衡的飲食，就是要適當搭配三大營養素

要改善飲食生活，除了注意適當的食量之外，**顧慮到營養均衡也很重要**。

「營養均衡」是指三大營養素——碳水化合物、蛋白質、脂肪依照適當比例搭配。一般來說，在一天所需的適當熱量當中，應以碳水化合物占百分之六十，蛋白質占百分之十五至二十，脂肪占百分之二十至二十五為原則。

要攝取均衡營養，除了這三大營養素之外，也必須補充調整身體狀況的「營養代謝潤滑劑」——維生素、礦物質。

營養素有5大類

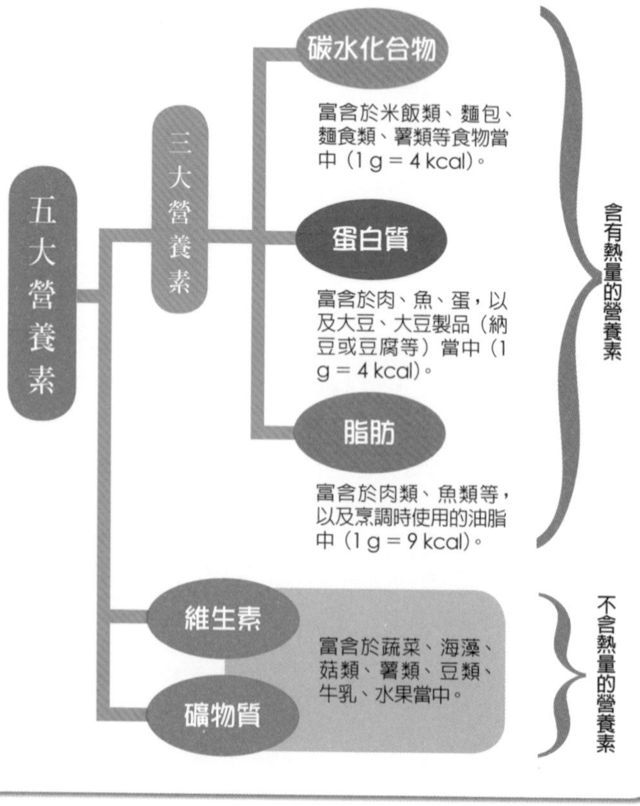
五大營養素
三大營養素
碳水化合物
富含於米飯類、麵包、麵食類、薯類等食物當中（1 g = 4 kcal）。
蛋白質
富含於肉、魚、蛋，以及大豆、大豆製品（納豆或豆腐等）當中（1 g = 4 kcal）。
脂肪
富含於肉類、魚類等，以及烹調時使用的油脂中（1 g = 9 kcal）。
含有熱量的營養素
維生素
礦物質
富含於蔬菜、海藻、菇類、薯類、豆類、牛乳、水果當中。
不含熱量的營養素

缺少任何一種營養素，都會使營養的齒輪轉不動

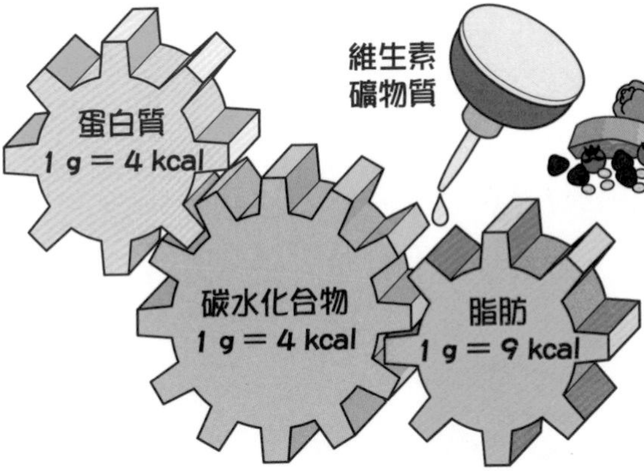

雖然碳水化合物、蛋白質、脂肪這三大營養素攝取足夠，但如果沒有維生素、礦物質做潤滑劑，也會造成營養代謝混亂，使身體沒有元氣。

依3大營養素的熱量比例攝取，才是營養均衡的飲食

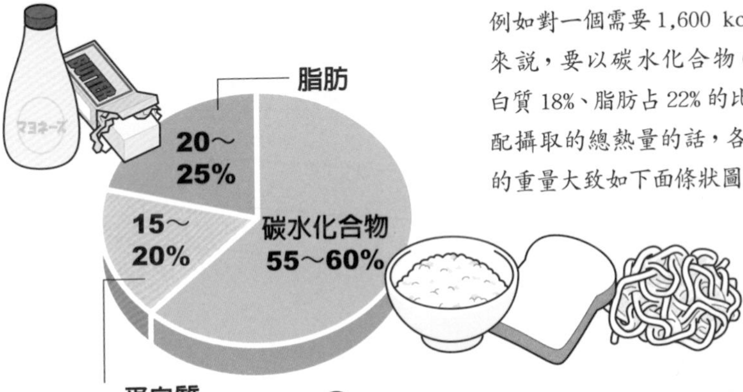

例如對一個需要 1,600 kcal 的人來說，要以碳水化合物 60%、蛋白質 18%、脂肪占 22% 的比例來分配攝取的總熱量的話，各營養素的重量大致如下面條狀圖所示。

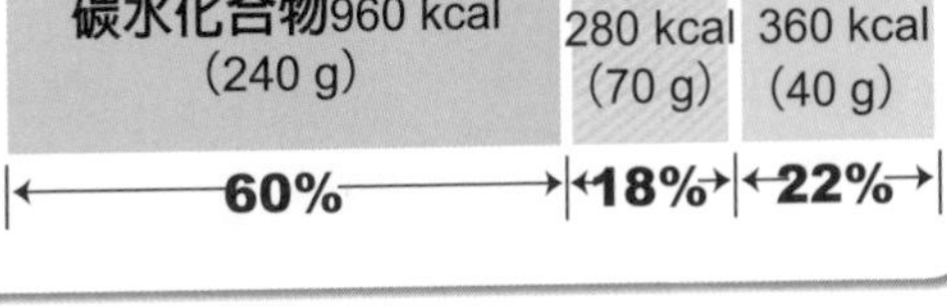

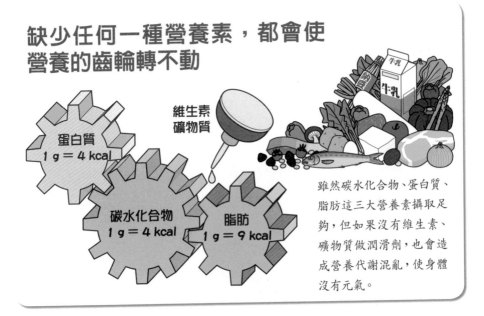

用這個要領選擇食品，可讓營養均衡

只要大致掌握營養均衡就可以了，以下介紹選擇一日食品的三個要領。

1 每種食材的量要少，整體的種類要多

配合一天當中的所需熱量，盡可能每天攝取多樣化的各種食材。各種食品所含的營養素都不一樣，所以少量、多樣化可以互相補足各種營養素，達到營養均衡的目的。

3 選擇食品時要注意3個要點

在❹的「魚、肉、大豆、大豆製品、蛋」的食品選擇上，1天3餐要不偏食地搭配攝取。例如不要光吃肉或是光吃魚，如果早餐吃蛋，中午就吃肉、晚上吃魚。

在❷的「蔬菜、海藻、菇類、蒟蒻」的食品選擇上，選擇※黃綠色蔬菜或※淺色蔬菜的組合，也別忘了攝取海藻和菇類。

❸的薯類和❷的蔬菜類分開攝取。

※黃綠色蔬菜和※淺色蔬菜請參見本書第130至131頁。

2 將食品分類，從各類當中選擇多樣食物

爲了攝取均衡營養，我們訂出一些「選擇的食品種類」、「份量」的標準。下面是一些食品的分類，在選擇的同時，應盡可能選取多樣食物。

下面以 1 日需 2,000 kcal 的情形爲例，大概列出每一類食物應攝取的份量。2,000 kcal 大約是一般日本男性的一天所需熱量，女性一天約需 1,600 至 1,700 kcal。

一天所需熱量為 2,000 kcal 的情形均衡的食品選擇標準

❶ 米飯、麵包等
每份900～1,000 kcal

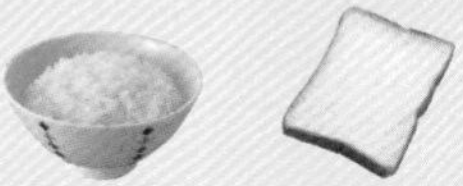

❷ 蔬菜、海藻、菇類、蒟蒻
每份100～150 kcal（350 g左右）

❸ 薯類、豆類（大豆以外）
每份100～150 kcal（150 g左右）

❸ 魚類、肉類、大豆、大豆製品、雞蛋
每份350～400 kcal

❺ 牛牛乳、乳製品
每份100～150 kcal

❻ 水果
每份100 kcal（200 g左右）

❼ 調味料、油
每份150 kcal

其他（砂糖等）
50 kcal

主食、主菜、副菜齊備，以攝取均衡營養

最好能夠從多樣化食品（食材）當中各取少量，組合成一份餐點。**用「主食、主菜、副菜」的組合**，只要能三種都做到，就可以做出簡單又營養均衡的餐點。如果再加上一盤**「小菜」**和**「湯品」**增加食材種類，營養就更均衡了。

在兩餐之間可以吃一些適量的**水果或牛乳、乳製品**當零食或甜點，牛乳及乳製品的攝取請遵照醫師指示。

小菜

●副菜有點不夠時可再添加小菜，補充一些平常較沒攝取的蔬菜、菇類、海藻，為料理增加一些變化。

副菜和小菜合起來的每餐蔬菜重量（未調理前）約 120 至 150 g（1 天總計 350 g 以上），可依自己喜歡的份量，使用菇類、海藻、蒟蒻，或是薯類、豆類（大豆以外）做爲小菜的主食材，一天約一次左右。

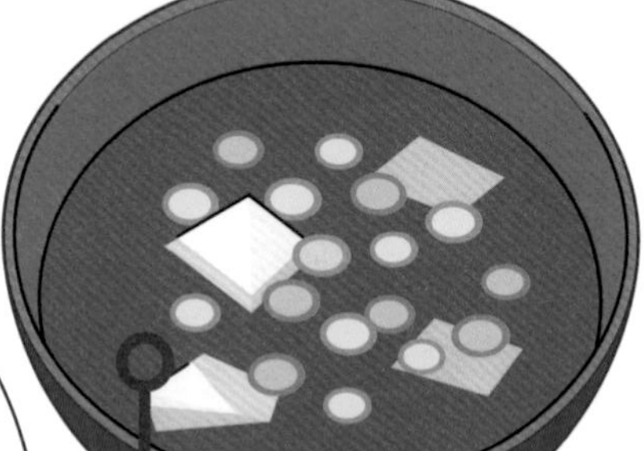

湯品

●味噌湯或清湯、濃湯類

味噌湯或其他湯品一天一碗就好，以免攝取過多鹽分，可以放入多種湯料，幫助自己攝取多樣化食材。香菇豆腐湯、豬肉湯等料很多的湯品，也可以當成是一道副菜。

其他

●牛乳或水果主要提供維生素和鈣、鉀等礦物質，以及食物纖維

乳製品及水果一天一次，可搭配料理食用。

副菜

●以蔬菜類做為主要食材，以輔助主菜的不足。也可以用豆類、薯類、菇類、海藻類來做為副菜的主要食材。主要供給維生素、礦物質、食物纖維。

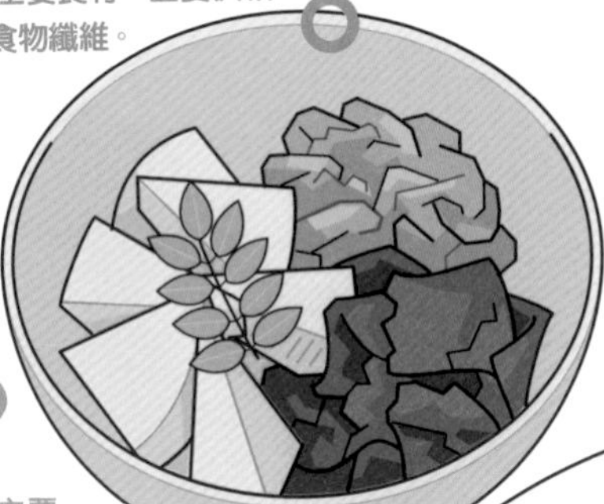

主食

●米飯類、麵包、麵食類等，主要提供碳水化合物（澱粉）

配合自己的食量，適量攝取（請參見本書第 90 至 91 頁）薯類、南瓜類等碳水化合物（澱粉）多的蔬菜，也可以當成主食。

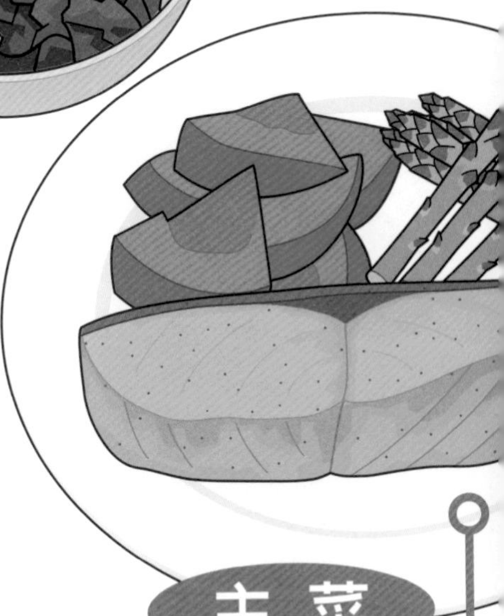

主菜

●以肉類、魚類、雞蛋、大豆、大豆製品為主要材料，是料理當中的主要配菜。主要提供蛋白質。大豆、大豆製品的蛋白質很多，也可以當成主菜的食材。

1 餐只要一盤，使用 1 項主要食材（魚、肉、蛋、大豆製品）來製作即可。1 餐的一項主要食材，重量控制在 60 至 100 g（未烹煮前）比較適當。如果 1 餐當中要使用兩種以上的主要食材時，要減少份量，使重量總計在 60 至 100 g。

在每天改變主食材的同時，3 餐的主食材也要做一些改變。若醫師沒有特別限制的話，大豆、大豆製品、雞蛋的食用標準是一天 1 次（請參見本書第 122 至 123 頁）。肉類的主菜一天一次一道菜，魚類的主菜一天一次，一道菜以上。

一日所需二千大卡熱量的參考食材與份量

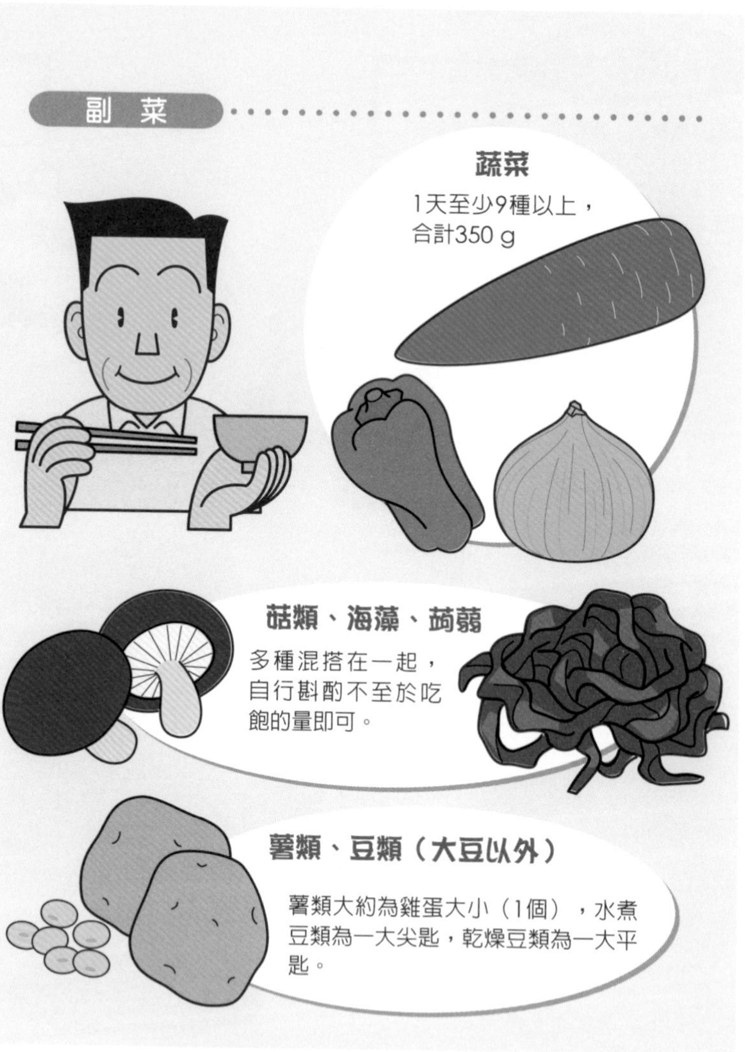
副菜
蔬菜
1天至少9種以上，
合計350 g
菇類、海藻、蒟蒻
多種混搭在一起，
自行斟酌不至於吃
飽的量即可。
薯類、豆類（大豆以外）
薯類大約為雞蛋大小（1個），水煮
豆類為一大尖匙，乾燥豆類為一大平
匙。

依照這裡所寫的食材與份量來攝取，就是營養均衡的二千大卡。

每個人一天當中所需的熱量都不一樣，所以要利用這裡所寫的標準時，請參見本書第八五頁「均衡的食品選擇標準」，來調整自己一天當中所需的適當熱量。

菜色搭配

主菜

可將以下4種食材分成早、午、晚餐。
另外，減去當中任何一項，就可以成爲適合1,600至1,700 kcal人士食用的主菜份量。

肉類

捲起來大約是雞蛋大小的切薄肉片，但是不要選五花肉和培根。

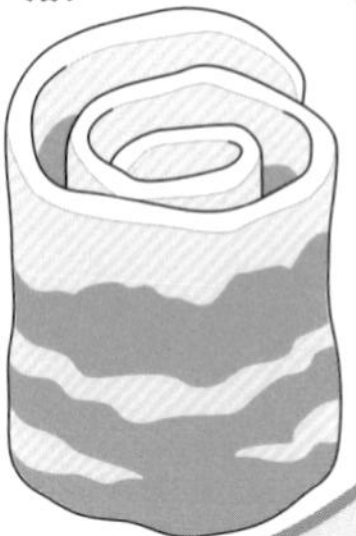

魚貝類

一塊魚肉

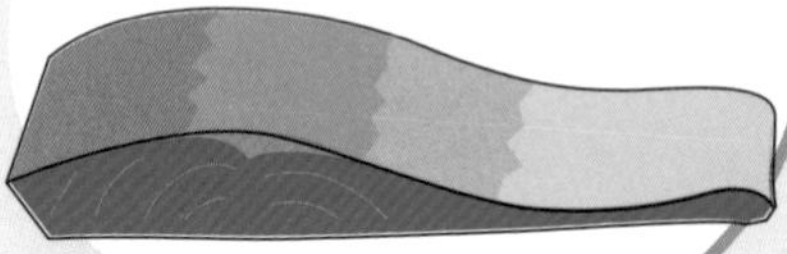

大豆製品

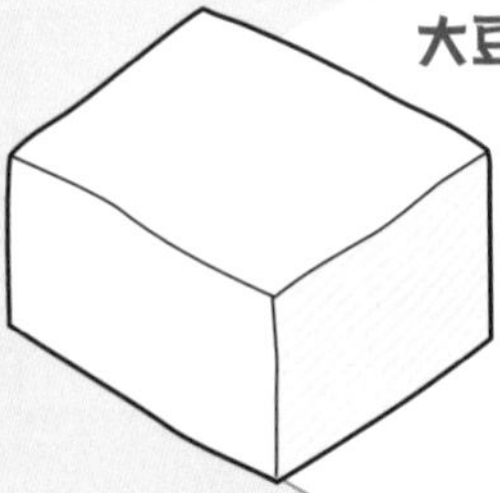

大塊豆腐的1/4至1/3塊，或是小塊豆腐的1/2。

雞蛋

雞蛋1個（約50 g）

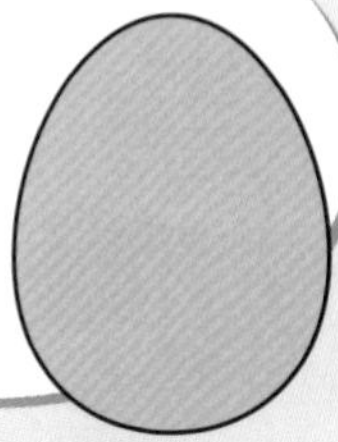

※ 牛奶或水果可在餐後食用，也可以不放在正餐中，當成點心吃。
※ 調理用油盡量減少。
※ 盡可能避免使用美乃滋、調味料來調味。
※ 盡量少用砂糖。
※ 水或茶等沒有熱量的飲料可促進代謝，一天要喝 1.5 至 2 公升。

牛乳

牛乳1份
200 cc

水果

1天
1至1.5個

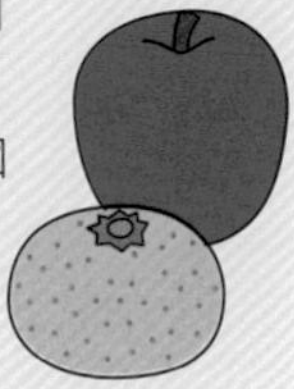

主食

每天必須適量攝取（請參見本書第90至91頁）

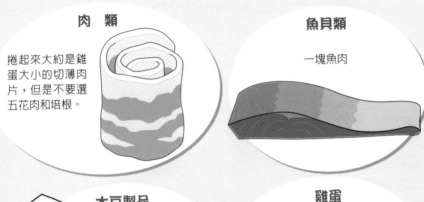

每餐都要攝取適合自己份量的主食

做爲主食的米飯類、麵包、麵食類不只是重要的熱量來源，還含有食物纖維，提供維生素E等。三餐進食時，必須配合自己的食量適量攝取。建議食用糙米、黑麥麵包、全麥麵包，雖然熱量相同，消化吸收時所含營養素比白飯或普通麵包更均衡，可以預防血糖值上升，而且不容易形成體脂肪。

牛角麵包	水煮烏龍麵
2.5 個（75 g）	1 團（240 g）
3 個（90 g）	1 又 1/4 團（300 g）
3.5 個（105 g）	1 又 1/3 團（320 g）
4 個（120 g）	1.5 團（360 g）

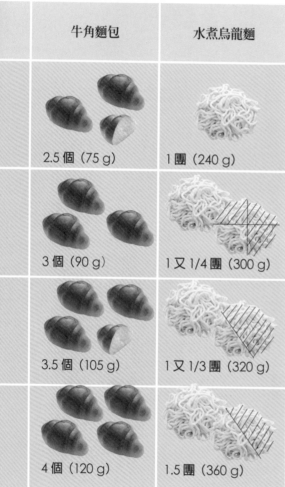

◆1 天適當飲食量的主食標準

1 天的總食量	1 天的主食量	1 餐主食量
1,400 kcal	約 770 kcal	約 260 kcal
1,600 kcal	約 880 kcal	約 290 kcal
1,800 kcal	約 990 kcal	約 330 kcal
2,000 kcal	約 1,100 kcal	約 370 kcal

◆每餐主食的大約份量

1 天的用餐量	白飯	糙米飯（五穀米、十穀米份量相同）	吐司（黑麥麵包亦同）
1400 kcal	 150g	 150g	 厚片土司 1.5 片（90 g）
1600 kcal	 180g	 180g	 厚片土司 2 片（120 g）
1800 kcal	 200g	 200g	 厚片土司 2 片（120 g）
2000 kcal	 220g	 220g	 厚片土司 2 又 1/3 片（140 g）

想降低ＬＤＬ膽固醇值，要將一天的膽固醇攝取量訂在三百毫克以下

想降低ＬＤＬ膽固醇值，在攝取一日的適當餐量時，**也要減少吃進食品中所含的膽固醇**。

對ＬＤＬ膽固醇值已經偏高的人來說，會比一般人更容易從食物當中攝取到膽固醇，容易造成血中膽固醇增加。為了避免這些情形，就必須遵守從飲食當中減少攝取膽固醇的原則。

因此必須把一天的膽固醇攝取量控制在三百毫克以下。如果已經控制在三百毫克以下，但膽固醇值還是降不下來的話，就試著以二百毫克以下為目標。

尤其要注意的是膽固醇含

膽固醇含量低的食物

- 穀類
- 薯類（加工品除外）
- 豆類
- 堅果類
- 蔬菜類
- 水果類
- 菇類
- 海藻

量高的食品，像是：**雞蛋或鱈魚子、鮭魚卵等魚卵，以及柳葉魚等一整隻的小魚和肝臟類等等。另外，美乃滋等使用雞蛋的加工食品，還有使用雞蛋、牛奶和鮮奶等製作的蛋糕類也都是要注意的食品。**一餐之中都吃這些食品，就會超過二百毫克的膽固醇攝取量，所以要降低一次的食用量，或減少食用次數。另外，動物體內有許多膽固醇，植物當中幾乎沒有，所以植物性食品通常不含膽固醇，即使有，含量也非常少。

編註：在台灣，新版飲食指南不再訂定膽固醇的每日攝取限量，但民眾仍應盡量減少高膽固醇食物的攝取。

膽固醇含量高與低的食物

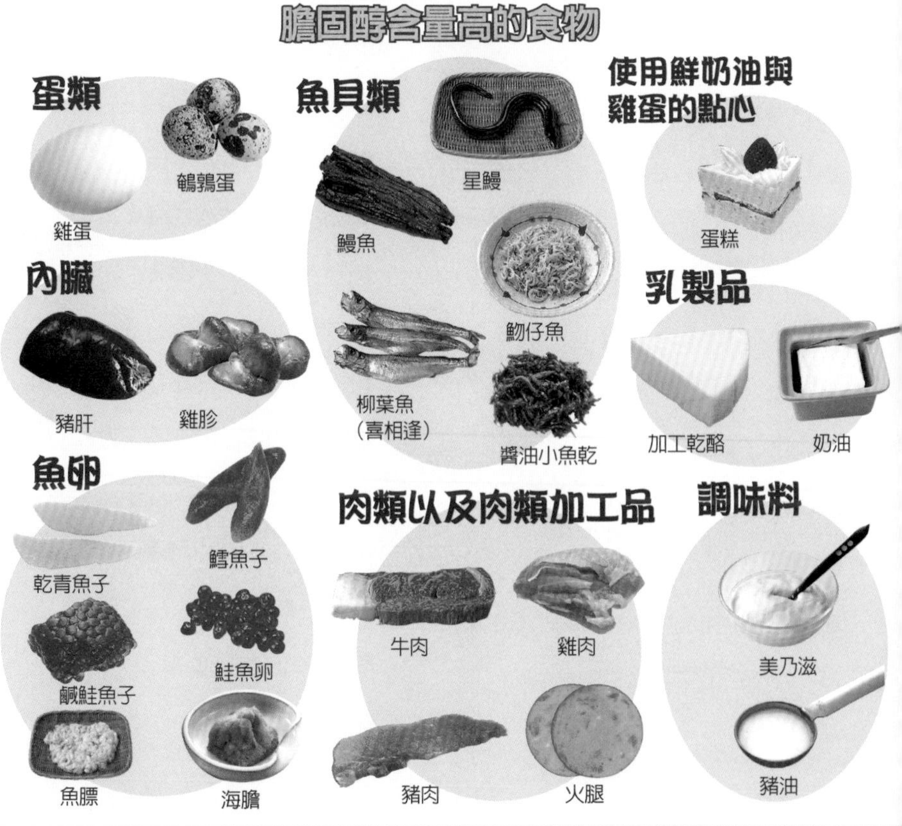

魚貝類

●烏賊（除去內臟）（110g/中等半隻）…**297** mg

●水煮章魚（150g/1隻腳）…**225** mg

●鰻魚（蒲燒鰻）（90g/1人份、1串）…**207** mg

●鱈魚膘（50g/1人份）…**180** mg

●柳葉魚（喜相逢）（60g/3尾）…**174** mg

●鮟鱇魚肝（30g/1人份）…**168** mg

●鹹鮭魚子（30g/1人份）…**153** mg

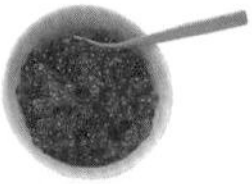

●鮭魚卵（30g/兩大匙）…**144** mg

●乾青魚子（60g/2條）…**138** mg

●烏賊（生烏賊片）（50g/1人份）…**135** mg

●鹹鱈魚子（35g/小半塊）…**123** mg

●鮑魚（帶殼）（250g/1大個）…**110** mg

●泥鰍（50g/1人份）…**105** mg

●蒸星鰻（60g/1尾）…**104** mg

●辣明太子（35g/半塊）…**98** mg

●魚子醬（17g/1大匙）…**85** mg

●魷魚乾（20g/1人份）…**76** mg

●秋刀魚（帶頭帶骨）（150g/1尾）…**69** mg

●沙丁魚乾(120g/3尾）…**68** mg

●鱸魚（100g/1塊）…**67** mg

●甜鯛（120g/1塊）…**62** mg

●竹筴魚（帶頭帶骨）（150g/1小尾）…**54** mg

●青花魚（80g/1塊）…**54** mg

●鹹鮭魚（80g/1塊）…**51** mg

●沙鮻（帶頭帶骨）（120g/2尾）…**50** mg

●鹹烏賊（20g/1人份）…**46** mg

●沙丁魚（帶頭帶骨）（120g/1尾）…**46** mg

●海膽（15g/握壽司2個）…**44** mg

●鰈魚（60g/半條）…**43** mg

●牡蠣（75g/5個）…**38** mg

●明蝦（20g/1尾）…**34** mg

●蠑螺（帶殼）（140g/1個）…**29** mg

●小沙丁魚乾（4g/1片）…**28** mg

●魩仔魚（6g/1大匙）…**14** mg

●螃蟹（帶殼）（40g/1～2隻腳）…**12** mg

●干貝（25g/1個）…**8** mg

●蜆（帶殼）（30g/1人份）…**5** mg

資料來源:參考「五訂日本食品標準成分表」製作。

1餐當中的膽固醇一覽表

想要調整膽固醇攝取量，就要先掌握食品當中有多少膽固醇含量。以下所列的表，是以1餐爲份量，依照膽固醇含量高低所排列出的順序，可用這個標準來掌握高膽固醇食品。

肉類・蛋類

- 鵝肝醬（40g/1人份）…**260** mg
- 雞肝（50～60g/1人份、雞蛋大小）…**185～222** mg
- 鵪鶉蛋（45g/5個）…**212** mg

- 雞蛋（全蛋）（50g/中等大小1個）…**210** mg
- 蛋黃（15g/中等大小1個）…**210** mg

- 豬肝（50～60g/1人份、雞蛋大小）…**125～150** mg
- 牛肝（50～60g/1人份、雞蛋大小）…**120～144** mg
- 雞腿肉（帶皮）（80g/1人份）…**78** mg
- 牛舌（60g/1人份）…**60** mg
- 雞胗（30g/1人份）…**60** mg

- 霜降牛肉（和牛腿肉、有油花）（80g/1人份）…**58** mg
- 豬五花肉（80g/1人份）…**56** mg
- 豬腿肉（80g/1人份）…**54** mg
- 雞胸肉（80g/2塊）…**54** mg

- 牛里脊肉（80g/1人份）…**52** mg
- 雞翅膀（50g/1支）…**34** mg

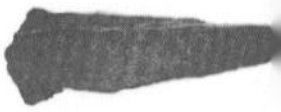

- 牛肉罐頭（50g/2片）…**34** mg
- 生火腿（30g/2片）…**29** mg
- 雞皮（20g/1串）…**24** mg

- 維也納香腸（40g/兩條）…**23** mg
- 豬肝醬（15g/1大匙）…**20** mg
- 培根（40g/2片）…**20** mg

- 烤火腿（45g/3片）…**18** mg

油脂類・乳製品・點心類

- 布丁（110g/1個））…**154** mg
- 切塊蛋糕（80g/1個）…**120** mg
- 長崎蛋糕（50g/1塊）…**80** mg

- 鮮奶油（30g/2大匙）…**36** mg
- 全脂冰淇淋（120g/1小個）…**34** mg
- 低脂冰淇淋（150g/1小個）…**32** mg
- 奶油（13g/1大匙）…**27** mg
- 牛乳（210g/1杯）…**25** mg

- 切達乾酪（20g/2cm正方體2個）…**20** mg
- 加工乾酪（20g/1cm）…**16** mg
- 豬油（13g/1大匙）…**13** mg

- 牛油（13g/1小片）…**13** mg
- 優格（100g/半杯）…**12** mg
- 全蛋美乃滋（14g/1大匙）…**8** mg

從飲食中攝取的脂肪量，必須在一天所需熱量的百分之二十五以下

降低脂肪值的飲食改善要點之一，**就是攝取適當的脂肪量**。但是脂肪攝取不足也會影響健康，會造成脂溶性維生素吸收不良，身體無法吸收到必需的脂肪酸，容易疲勞，也會出現一些皮膚的狀況。

從脂肪攝取的熱量要控制在每日必需熱量的百分之二十五以下。例如一天要攝取二千大卡的人，從脂肪攝取到的熱量要控制在五百大卡以下。以油脂量來說，大概是五十克左右。

這個油脂量不光是指調理用的食用油（沙拉油、奶油、豬油等），食材本身的油脂層（肉類的油花或是魚油等）也都應算在油脂攝取量當中。

◆日常用油的熱量

	1 小匙（5 ml）		1 大匙（15 ml）	
食品名稱	重量	熱量	重量	熱量
植物油	4 g	37 kcal	13 g	120 kcal
乳瑪琳（人造奶油）	4 g	30 kcal	13 g	99 kcal
奶油	4 g	30 kcal	13 g	97 kcal
美乃滋	5 g	35 kcal	14 g	98 kcal
調味醬料	5 g	20 kcal	15 g	61 kcal

資料來源：參考「五訂日本食品標準成分表」製作。

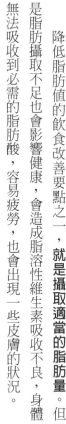

想要攝取適當的脂肪量，**就要控制調理用油的油脂**。植物油幾乎不含膽固醇，而且植物油當中所含的亞油酸等不飽和脂肪酸（脂肪的成分）還具有減少膽固醇的功能，但是也不能因此就毫無限制地使用植物油。

以魚類、肉類等食材入菜時，要先考量到食材本身的油脂含量。以成人來說，**適量的調理食用油脂量是一至一點五大匙（十二至十八克）**。如果爲了烹調油炸類等食材，而不得不用多一點油時，**一天也不能超過二大匙**。

炒菜時要多注意

炒菜一定要用植物油。先把鍋子完全加熱，油脂用量稍微少一點，先使其充分塗滿整個鍋子，放入食材翻炒到盛盤前都用大火料理。

❶ 如果直接從瓶中當倒出調理油的話，往往會倒得太多，應盡量養成用量匙測量的習慣。

❷ 使用不沾鍋或陶瓷加工的鍋子，可以減少炒菜時的用油量。

❸ 如果已經習慣使用鐵製的鍋子，就要減少油的使用量。

❹ 完全熱鍋後再放入食材，用大火短時間快炒就可以減少用油量。

❺ 食材切得大塊一些可以減少油脂沾附的面積，降低用油量。

❻ 青椒、蘿蔔等不容易煮熟的蔬菜可以在大塊切丁後先用熱水快速汆燙，或是用微波爐加熱之後再炒，這樣即使減少油量也可以在短時間內煮熟。

❼ 茄子之類容易吸油的食材可先用微波爐加熱後，再和其他已經炒過的食材一起拌炒。

❽ 一次炒好幾個人的份，會比只炒一個人份要來得省油。

❾ 調味料可事先調好，直接加入炒鍋拌炒，可以縮短拌炒時間減少吸油量。

❿ 使用較小的鍋子，蓋上蓋子悶烤就可以使用較少的油。

另外，要控制食用油的使用量的話，建議可以採取下列方式（以日式料理爲例）：

❶增加不需使用到油的料理

盡量少用油炸的、炒的、要淋上醬料的，以及美乃滋的沙拉等料理，增加水煮、燒烤、蒸煮、涼拌等料理。

❷需使用油的料理，控制在一餐只做一道

炸的、炒的、沙拉等要使用油類來做的料理只要一道就好。例如主菜如果是炒的，副菜就用水煮或涼拌。

❸麵包不要塗上奶油或人造奶油，或是盡量減少用量。

❹生菜沙拉可使用不含油脂的醬料。

另外，在炒或是炸的時候，可在烹調上增加一些程序（如左圖），以盡可能減少油的使用量。而且要注意控制脂肪量，不能攝取過多熱量的人要少食用油炸類食物。

◆炒菜的吸油率

炒菜（從生炒到熟）	7～10%
炒菜（汆燙過再炒）	3～4%
煎魚	5%
煎肉	4%

（吸油率是依食材的重量對照出的油重比例）

◆油炸食品吸油率

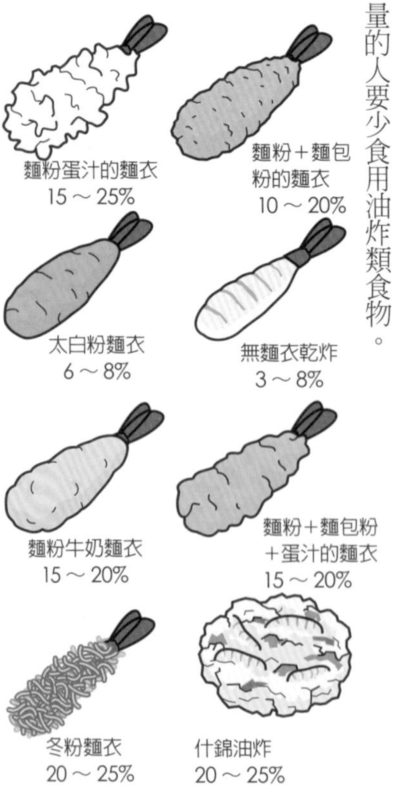

（吸油率是依食材的重量對照出的油重比例）

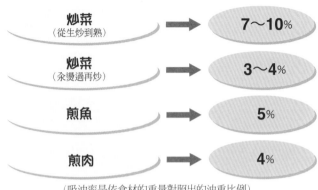

油炸時的重點

相同的食材會因爲油炸方式和麵衣的差異而有不同的吸油率。想減少吸油量，就要掌握「麵衣越薄越好」的大原則。另外，太白粉的吸油量會比麵粉少，依照不同的食材，有時可以用太白粉做麵衣來油炸。

❶ 油炸要高溫、時間要短

❷ 為了減少吸油量，食材盡量切得大塊一點
同份量的食材如果切大塊一點，接觸到油的表面積會變少，就可以減少吸油量。

❸ 麵衣少一點、薄一點
油炸的麵衣裹得越厚，吸油量越多，熱量也越高，所以麵衣越薄越好。

❹ 油脂多的食材就用乾炸
油炸食品的熱量順序由高到低依序是麵粉蛋汁麵衣→麵粉＋麵包粉麵衣→太白粉麵衣→無麵衣乾炸，乾炸時可用鹽或胡椒佐味。

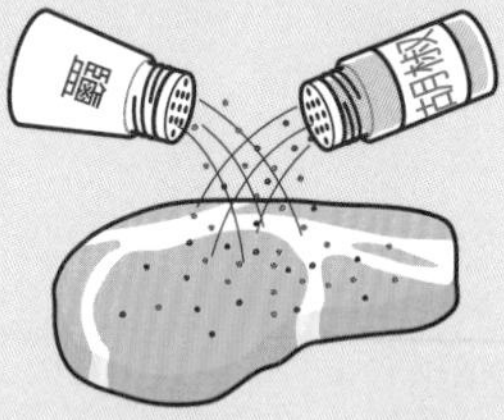

❺ 乾炸或油炸過的食材用冷水泡一下，或是用熱水淋一下去油
這種方式適合炸茄子或炸雞等吸油量很多的食材。

❻ 用少量的油，用平底鍋來煎或是用烤箱來烤
將烤墊或是塗了沙拉油的錫箔紙放在烤盤上，上面放些裹上沾了少許油脂麵包粉的食材，用烤箱來烤也可以做到油炸的食感。

❼ 炸好的食材放在網架上瀝油，或是放在吸油紙上吸油

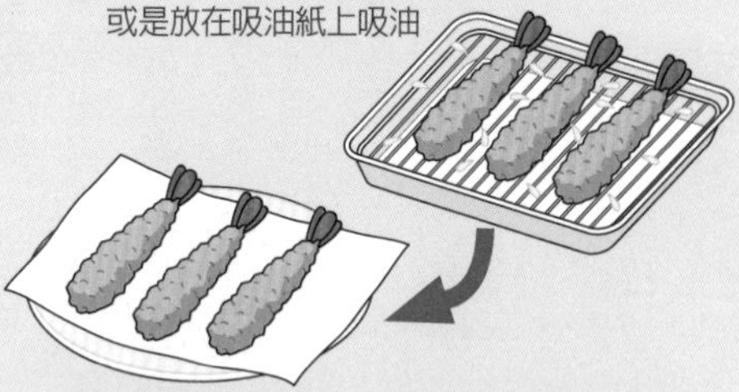

❽ 不要把茄子、洋蔥、菇類等容易吸油的食材做成油炸料理

其他技巧

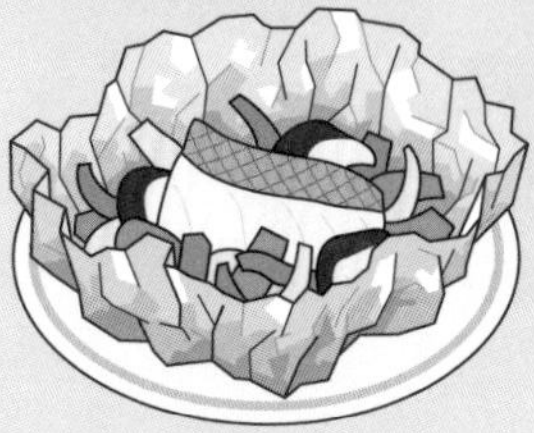

❶ 白肉魚類或是雞肉等白色食材盡量避免炒、烤等烹調方式，和蔬菜一起用錫箔包起來悶烤可以減少奶油、調理油的用量，同時也不會減損美味。

❷ 蛋類料理可以用茶碗蒸或是水煮蛋的方式，來取代需要用油調理的炒蛋或煎蛋。

❸ 沙拉用的美乃滋和佐醬，可以選用市售的無油醬汁或是低熱量美乃滋，用橙醋取代美乃滋也是一種調理方式，也可以自己做少油醬汁。

善選肉類的部位，以減少脂肪攝取量

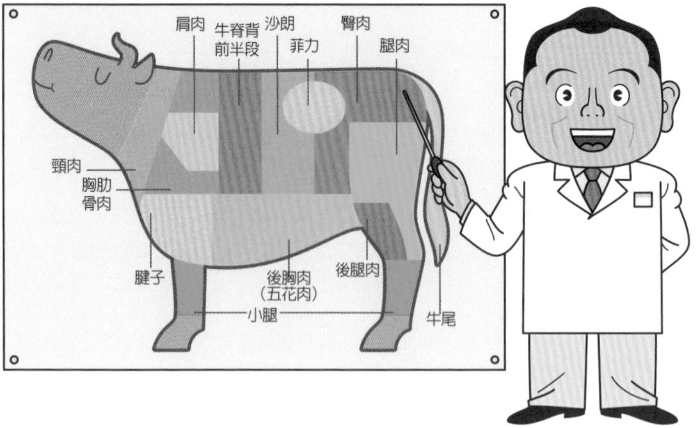

肉類不只含有膽固醇，也有許多脂肪，而且是飽和脂肪酸，**所以攝取過多肉類脂肪會造成ＬＤＬ膽固醇值上升**。

不過肉類也含有優良的蛋白質。**一天最好能攝取四十至六十克**。肉類的每個部位脂肪量都不同，所以應盡可能挑選脂肪較少的部位。

腿肉和菲力牛肉等紅肉部分就是脂肪較少的部位，最好能避開霜降牛肉或是或五花肉等脂肪較多的。

另外，培根或維也納香腸、義大利香腸、碎牛肉等脂肪較多的肉類加工品，也應盡量少吃。

大家都認爲雞肉的脂肪比豬肉、牛肉還低，但是帶皮的雞肉脂肪反而比豬腿肉還高，而且雞皮本身就含有很多膽固醇，烹調時要選擇不帶皮的雞肉。順帶一提，牛肉、豬肉、雞肉的膽固醇含量相同。

牛肉

牛肉當中脂肪最多的部位就是牛五花肉，沙朗牛肉也有許多膽固醇。脂肪最少的就是外腿肉的紅肉部分，菲力牛肉的脂肪也很少。要吃肉片時，應選擇外腿肉或內腿肉等紅肉部分。

雞肉

雞里脊是肉類當中脂肪最少的部位。另外，去皮的雞胸肉也是屬於低脂肪的肉品。

豬肉

豬肉當中脂肪最多的部位是豬五花肉，最少的是豬里脊肉，肩膀和大腿等紅肉也是脂肪較少的部位。

◆肉類各部位的脂肪含量、熱量，以及膽固醇量

…脂肪少的部位　…脂肪多的部位

	食品名稱	脂肪含量	熱量	膽固醇量
牛肉（日本牛）	腿肉	9.9 g	181kcal	67mg
	牛里脊肉（菲力）	9.8 g	185kcal	65mg
	沙朗牛肉（有油花）	27.9 g	334kcal	69mg
	絞肉（紅肉）	15.1 g	224kcal	67mg
豬肉	豬里脊肉	1.9 g	115kcal	64mg
	豬腿肉（有油花）	10.2 g	183kcal	67mg
	絞肉	15.1 g	221kcal	76mg
	豬肋骨肉	22.6 g	291kcal	62mg
	豬五花肉（有油花）	34.6 g	386kcal	70mg
雞肉	雞里脊肉	0.8 g	105kcal	67mg
	雞腿肉（帶皮）	14.0 g	200kcal	98mg

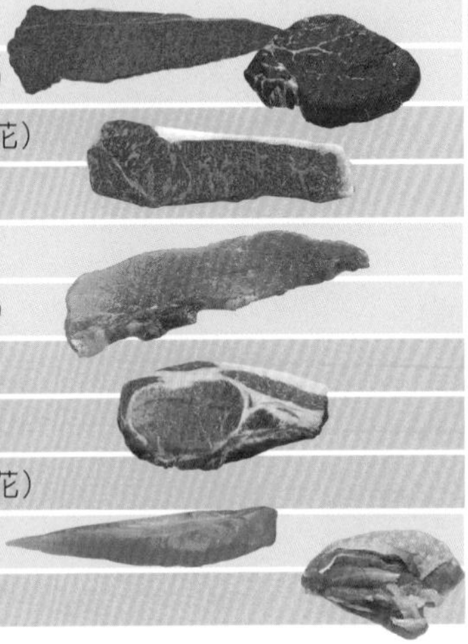

〔脂肪多的加工肉品的脂肪含量、熱量、膽固醇量〕

加工肉	牛絞肉	13.0 g	203kcal	68mg
	維也納香腸	28.5 g	321kcal	57mg
	培根	39.1 g	405kcal	50mg
	義大利香腸	43.0 g	497kcal	97mg

資料來源：參考「五訂日本食品標準成分表」製作。

利用烹調方式減少脂肪成分

烹調時也要稍微費點心思以減少脂肪，這裡介紹幾項調理方式。

事前處理

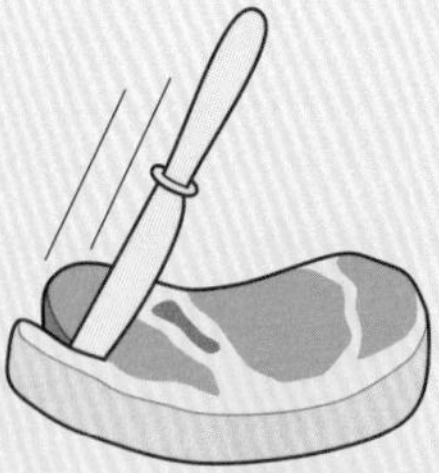

●豬里脊肉在烹煮前，先仔細地切下白色的油花部分。但由於脂肪部分是肉類美味與濃郁感的來源，所以也可以先整塊調理，吃的時候再把油花部分剔除。

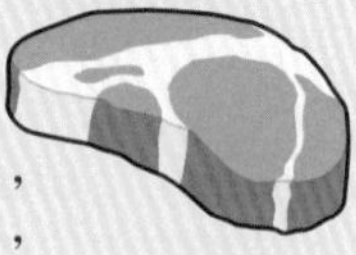

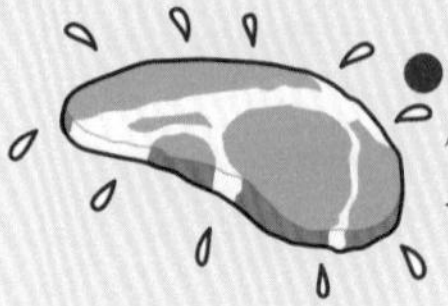

●加熱時脂肪容易溶出，所以可選擇薄的肉片，或將厚的肉片切薄。

●雞的脂肪通常附著在雞皮周圍，所以烹煮前先將雞皮連帶黃色脂肪的部分一起切除。

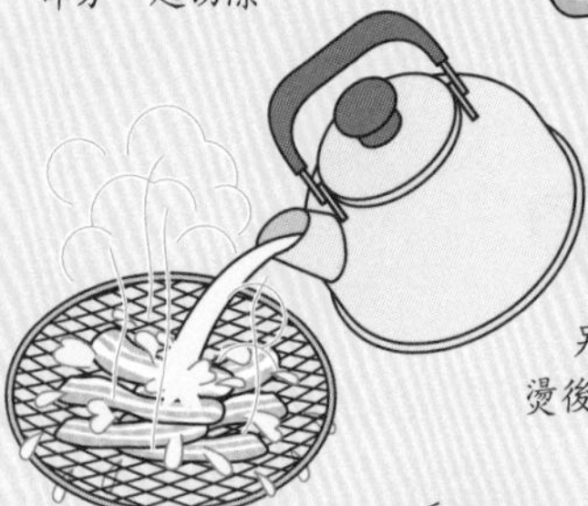

●培根等薄肉片先過一下熱水溶出脂肪後再調理。另外，五花肉可先用熱水汆燙後再調理。※

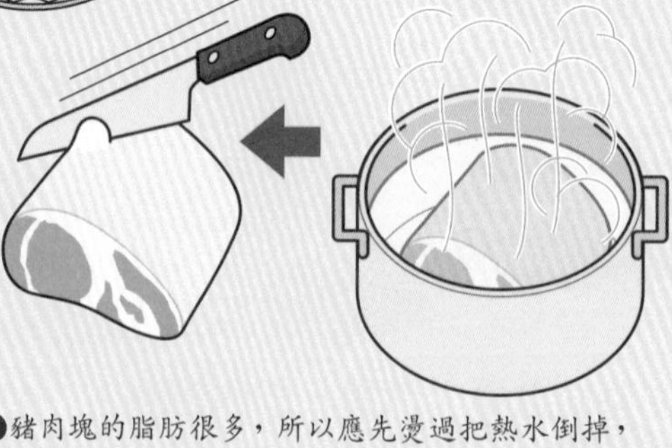

●豬肉塊的脂肪很多，所以應先燙過把熱水倒掉，或是水煮後放涼，再將附著在肉塊表面的凝固脂肪去除掉再烹煮。

※ 不只是肉類，油炸食品或乾炸食品、滷味料理、魚片等，也可以用相同的去油方式，用熱水淋過，或在熱水裡泡一下，就可以去除多餘的油脂。

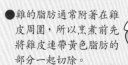

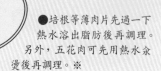

滷、水煮

●滷肉時可以將浮起來的脂肪或是雜物撈掉，肉類的鮮美通常會溶在煮肉的高湯或是滷汁裡，想拿來做湯品或其他料理時，要把浮在表面上的油，或是冷卻後的白色油塊去除乾淨。

蒸

●在蒸盤底部放上筷子，再把肉放在筷子上面。

●用少量的植物油先把肉稍微烤一下，去除表面的脂肪後再蒸。

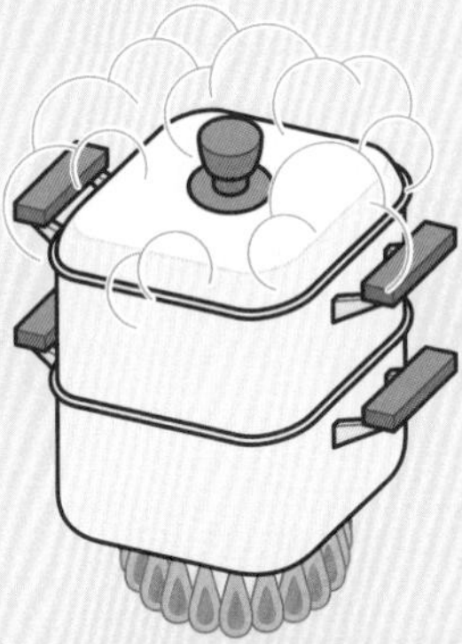

●用微波爐蒸煮時，先把肉放在盤內，灑些酒之後再加熱。

烤

●用網子烤牛排或是豬肉，或是用烤盤烤肉時不要用油，以便溶出菜刀切不掉的部分脂肪，這樣大約可以減少 20% 的脂肪。

用網子烤肉時，先用調味烤肉醬或是醬汁、酒等醃過後再烤，就可以補充肉品的水分，使肉類不致乾澀。

●培根或是脂肪多的肉類不用油就可以烤，溶出的油脂用紙巾吸掉。

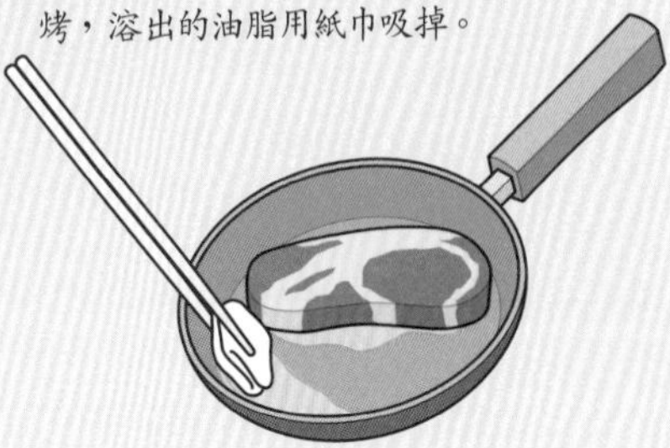

油脂成分可以增加膽固醇，也可以減少膽固醇

只要注意用餐時所攝取的脂肪（油脂）種類，就可以降低LDL膽固醇值，有效控制血脂肪值。

食品當中所含的脂肪大多是中性脂肪，這是一種**脂肪酸**附著在甘油上的物質，油脂成分中，百分之九十都是這種脂肪酸。脂肪酸在我們體內擔負許多功能。油脂的性質會隨著油脂成分（脂肪酸種類）的種類而不同，所攝取的脂肪酸也會大大影響膽固醇值。脂肪酸可大致區分爲**飽和脂肪酸**和**不飽和脂肪酸**。攝取過多飽和脂肪酸會增加血液中的LDL膽固醇值，這是因爲肝臟細胞的LDL受體減少，讓LDL變得難以處理。

另一方面，不飽和脂肪酸會減少血液中的LDL膽固醇值，因爲攝取不飽和脂肪酸會加速儲存在肝臟內的膽固醇變成膽汁酸的速度，促進肝臟吸收LDL，所以可降低LDL膽固醇值。不飽和脂肪酸有「**單元不飽和脂肪酸**」和「**多元不飽和脂肪酸**」兩種。也就是說，脂肪酸可以分爲下列三大類：

❶飽和脂肪酸

大多含於動物性脂肪當中，魚油當中也有三分之一屬於飽和脂肪酸。

❷單元不飽和脂肪酸

含於大多數動物性食品、植物性食品中。橄欖油中占了七成以上的油酸（oleic acid）就屬這類不飽和脂肪酸。若能用單元不飽和脂肪酸取代飽和脂肪酸，就不致減少HDL（好）膽固醇，只會減少LDL膽固醇。

❸多元不飽和脂肪酸

多含於植物油與魚油當中。亞麻油酸（linoleic acid，LA）與α-亞麻油酸（α-linolenic acid, ALA），或是魚油裡富含的EPA與DHA都屬於這一種脂肪酸。亞麻油酸攝取過多不只會降低LDL膽固醇，連HDL膽固醇也會跟著降低。而α-亞麻油酸則不會減少HDL膽固醇，只會減少LDL膽固醇。EPA和DHA具有降低中性脂肪的作用。

油脂的主要成分——脂肪酸的種類以及對膽固醇的影響

［對膽固醇值的影響］

分類			脂肪酸	LDL（壞）膽固醇	HDL（好）膽固醇	總膽固醇
飽和脂肪酸			**棕櫚酸·硬脂酸** 豬油、牛油、肉類油脂、雞皮、奶油、鮮奶油、蛋黃等動物性油脂裡含有許多飽和脂肪酸。棕櫚油、椰子油、可可油等部分植物油裡也有許多飽和脂肪酸。	（攝取過多）增加	增加	增加
不飽和脂肪酸	單元不飽和脂肪酸		**油酸** 橄欖油、菜籽油、高油酸型紅花籽油※、鱷梨、杏仁裡含有許多單元不飽和脂肪酸，尤其以橄欖油含量最多，有七成都屬於這類型脂肪酸。	稍微減少	沒有改變	稍微減少
不飽和脂肪酸	多元不飽和脂肪酸	omega-6	**亞麻油酸** 沙拉油、玉米油、紅花油、大豆油、胡麻油、葵花子油等，平常使用的植物油都屬於多元不飽和脂肪酸，胡桃、松子裡也含有許多不飽和脂肪酸。	減少	（攝取過多）減少	減少
不飽和脂肪酸	多元不飽和脂肪酸	omega-3	**α-亞麻油酸** 多含於亞麻籽油、紫蘇油、菜仔油，EPA與DHA的合成，需要α-亞麻油酸。	稍微減少	沒有改變	稍微減少
不飽和脂肪酸	多元不飽和脂肪酸	omega-3	**EPA（二十碳五烯酸）DHA（二十二碳六烯酸）** 秋刀魚、青花魚等青背魚類	稍微減少	沒有改變	稍微減少

※紅花籽油有富含亞麻油酸的傳統紅花籽油，以及品種改良後富含油酸的新型紅花籽油。

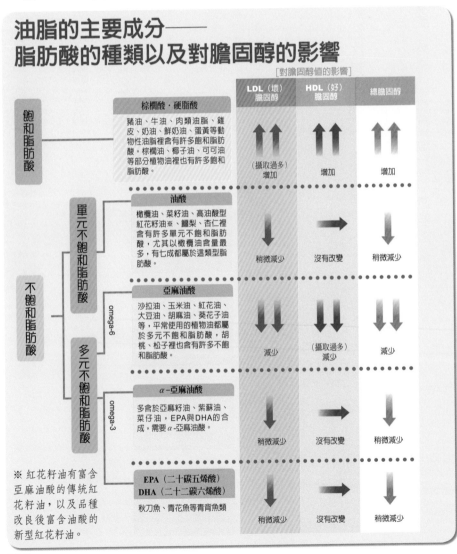

檢視油脂所含的脂肪酸，並均衡攝取

從油脂攝取均衡脂肪酸的比例

要想攝取油脂，讓自己只降低壞的ＬＤＬ膽固醇，而不降低好的ＨＤＬ膽固醇的話，就要考量到不同脂肪酸各自擁有的優缺點，均衡攝取。例如攝取過多動物性脂肪當中的飽和脂肪酸，就會造成ＬＤＬ膽固醇上升。但若是動物性食品攝取不足，則會使血管脆弱，並產生容易貧血的負面影響，因此爲了維持健康，必須適量攝取。

另外，多元不飽和脂肪酸當中的亞麻油酸攝取過多的話，不但會造成ＨＤＬ膽固醇減少，還容易產生過敏反應，但這是人體不可或缺的脂肪酸，所以要攝取適當的量。在這些原則下所需的脂肪酸攝取比例，分別是飽和脂肪酸百分之三十，單元不飽和脂肪酸百分之四十，多元不飽和脂肪酸百分之三十。

多攝取植物油，魚油比其他動物性油脂好

以這種比例換成攝取油種比例的話，大約是動物油百分之四十，植物油百分之五十，魚油百分之十的比例，**注意別攝取過多動物性脂肪，植物性脂肪要攝取充足，還要多吃魚類。**

◆攝取脂肪酸的理想比例

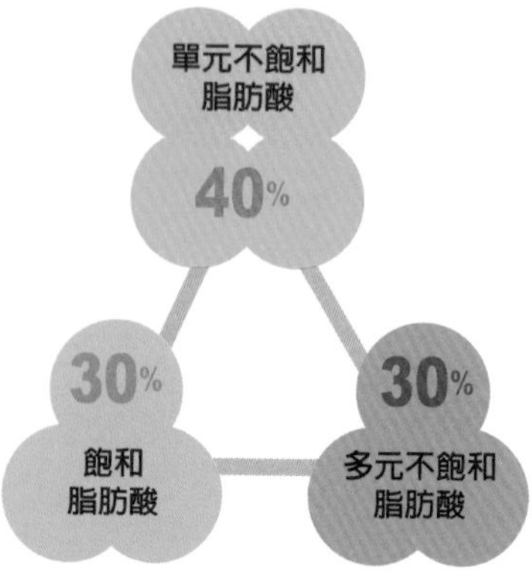

在日常生活當中，**可增加日式料理的次數**。動物性脂肪方面如太過隨意吃肉，很快就會達到所需的攝取量，**所以肉類料理要稍微控制一下，並增加吃魚的次數**。在一天的三餐裡，肉類料理一餐，其他的兩餐以魚類或大豆製品來入菜。肉類要選擇油脂少的部分，如果有油花，要把油花切除。

各種植物油一天約二大匙

多元不飽和脂肪酸和單元不飽和脂肪酸的主要來源就是植物性食用油。所以植物油要選用各個種類，**例如選擇橄欖油（富含單元不飽和脂肪酸中的油酸）**，**一天大約一點五至二大匙左右**。

記得盡量減少含有亞麻油酸的油（像沙拉油等），**增加含有α-亞麻油酸的油**。α-亞麻油酸可以在不減少ＨＤＬ膽固醇的情形下減少ＬＤＬ膽固醇，而且沒有亞麻油酸的缺點。另外，α-亞麻油酸、ＥＰＡ、ＤＨＡ等omega-3系列的脂肪酸可以抑制發炎，改善血管內皮功能，可以預防動脈硬化性疾病。

只要記得這些，並且每天實踐的話，就可以攝取接近飽和脂肪酸百分之三十，單元不飽和脂肪酸百分之四十，多元不飽和脂肪酸百分之三十的目標比例。

◆油脂的理想攝取比例

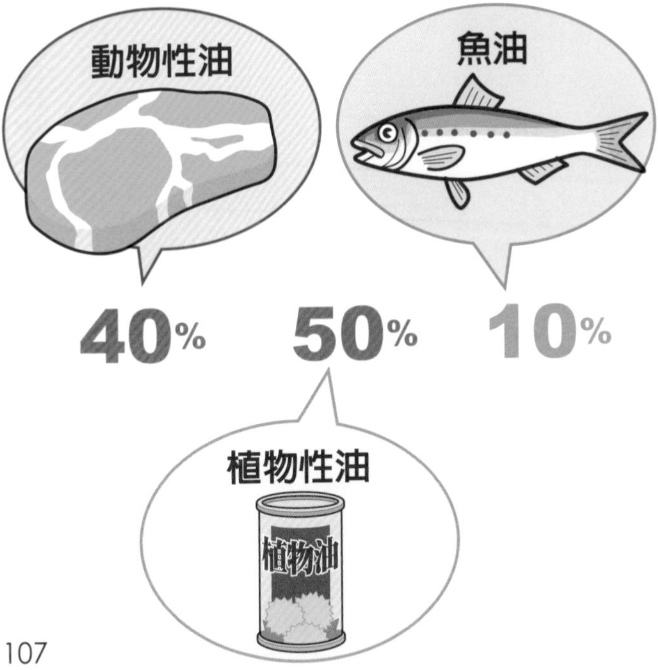

醣類，尤其是砂糖等甜食、甜飲別攝取過量

甜點容易造成中性脂肪上升

吃太多醣類食物會提高體內中性脂肪的合成速度。醣類的問題在於砂糖和含糖的點心，砂糖比起同樣是醣類家族的澱粉，更容易在體內消化吸收，多餘的部分更容易轉爲中性脂肪。**所以要減少中性脂肪值，就要減少砂糖以及含糖點心的食用量。**

尤其是使用大量鮮奶油、奶油、砂糖的蛋糕，不但是高熱量，而且脂肪和醣類同時攝取更會互相幫助吸收，使體脂肪增加得更快。此外，還要注意大福、糯米丸等日式甜點，雖然沒有脂肪，但吃兩個就和蛋糕一樣會增加中性脂肪。

甜飲喝太多也有問題

一罐甜的飲料或是汽水、可樂等碳酸飲料，就有二十至三十克左右的砂糖。

另外，果汁飲料裡含有大量的甘味劑，有些標榜百分之百天然的果汁，也會爲了讓味道更好而添加砂糖。

標示「無糖」的飲料，有些其實只不過是沒使用「砂糖」，但卻用了蜂蜜或是葡萄糖。

不管哪一種飲料都有含有水分，會加速糖分吸收。**喝太多會導致肥胖，是提高中性脂肪的主要原因，**所以應盡可能地控制攝取量。

甜點一個以下，甜飲一罐以內

一天攝取的砂糖標準要在三十至三十五克以內，屬於調味料的砂糖就依照一般習慣添加，甜點則控制在一個以下，或是飲料控制在一罐以內。另外，水果含有果糖等糖分，最好不要吃太多。（請參見本書第一一一頁）不只是砂糖、水果，也要盡可能控制果醬、蜂蜜等含糖食品的攝取量。

紅豆麵包、哈密瓜麵包，或是和洋芋片一樣雖然不甜，可是卻用油炸的點心，都和甜點相同不可吃太多。

要留意別喝過量的甜飲料

要吃甜點，請控制在這些範圍內

這裡標示出膽固醇、脂肪含量較低的甜點，
以及晚餐後可以攝取的份量。

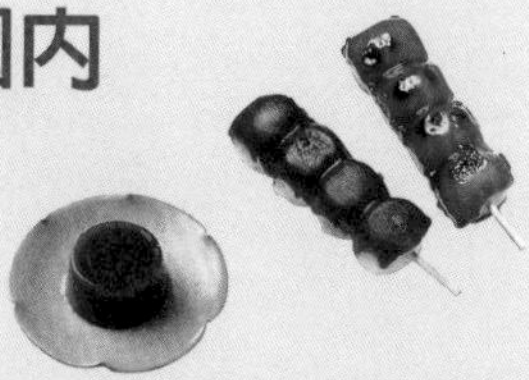

蒸日式糕餅……2/3個（30 g）

長崎蛋糕…………半片　（25 g）

大福…………………半個　（35 g）

硬羊羹……………………1/3片（25 g）

果凍羊羹……………………半個　（45 g）

最中………………………3/4個（30 g）

（以糯米餅殼包覆紅豆餡的日式點心）

蜜豆……………………1/2人份（70 g）

蜜豆寒天…………… 1/2人份（70 g）

串糯米丸（紅豆）………半串（40 g）

串糯米丸（醬油）…… 2/3串（40 g）

紅豆糯米團……………1/3個（30 g）

中華紅豆饅頭………… 1/3個（30 g）

水果果凍…………………3/4個（120 g）

水果糖……………………7顆（20 g）

避免攝取過多甜食的方式

❶不買甜食放在家裡囤積。

❷喝黑咖啡、無糖紅茶。

❸不把甜食放在隨處可見、可拿的地方。

❹減重代糖要謹慎使用。

❺洋芋片或煎餅類選擇小包裝。

❻每天都要確實吃三餐。

❼用日式甜點來代替奶油砂糖製成的西式甜點。

❽用綠茶、烏龍茶、礦泉水來取代甜的飲料。

兩餐之間可吃水果，但要適量

水果含有維生素和礦物質，也是食物纖維的供給來源，但是含有許多蔗糖（砂糖）、果糖（水果當中所含的天然糖分），所以吃太多也會變胖，並提高血脂肪值。

適量的水果標準是一天是八十至一百大卡，或是二百克。

雖然都是水果，但是水果罐頭或是水果乾的熱量較高，應盡量避免。

1天80～100 kcal 水果的標準與食用量

水果名稱	標準量	食用量	熱量	醣類量
蘋果	半個（大型）	150 g	81 kcal	19.6 g
香蕉	1根（中型）	90 g	77 kcal	19.3 g
草莓	15粒（中型）	240 g	82 kcal	17.0 g
鳳梨	1/6個	180 g	92 kcal	21.4 g
橘子	2個（中型）	180 g	83 kcal	19.8 g
柿子	3/4個（中型）	140 g	84 kcal	20.0 g
日本梨	半個（大型）	190 g	82 kcal	21.3 g
美國葡萄	1串（大型）	130 g	77 kcal	19.7 g
橘子	1個（中型）	200 g	80 kcal	17.6 g
葡萄柚	1個（中型）	200 g	76 kcal	18.0 g
西瓜	1/8個（中型）	220 g	81 kcal	20.3 g
桃子	1個（大型）	200 g	80 kcal	17.8 g
日本櫻桃	30粒（小型）	130 g	78 kcal	18.3 g
枇杷	5個（大型）	200 g	80 kcal	18.0 g
奇異果	2個（中型）	170 g	90 kcal	18.7 g
柳橙	2個（中型）	240 g	94 kcal	21.6 g
哈密瓜	1/3個（中型）	190 g	80 kcal	18.6 g
臍橙	1.5個（中型）	195 g	90 kcal	21.0 g
木瓜	3/4個	200 g	76 kcal	14.6 g

※食用量所指的是去除果皮、果核、種子等部分之後的可食重量。

資料來源：參考「五訂日本食品標準成分表」製作。

一定要攝取可抑制膽固醇吸收的食物纖維

食物纖維可以減少膽固醇和中性脂肪

想要降低ＬＤＬ膽固醇值，就必須在每天的飲食中積極攝取食物纖維。

食物纖維是人類消化酵素無法分解的食物成分。主要存在於蔬菜、水果、豆類、菇類、海藻、薯類、穀類等植物性食品裡。**這些食物纖維可以發揮作用來降低ＬＤＬ膽固醇值**。膽汁（消化液之一，膽汁酸的主要成分）是一種存在於肝臟裡，用膽固醇當原料製造，在肝臟分泌，儲存於膽囊，再輸送到十二指腸的一種消化液。膽汁酸在結束消化工作後，會被腸壁吸收回到肝臟（**膽汁酸的肝腸循環**），食物纖維就是阻擋腸壁吸收膽汁酸的物質。食物纖維會將膽汁酸包起來排出體外。爲了補充排出體外而變得不足的膽汁酸，就必須重新合成，使用的原料就是血液中的ＬＤＬ膽固醇。也就是說，**食物纖維會間接使血中ＬＤＬ膽固醇減少**。

另外，食物纖維也有吸附住腸內膽固醇並排出體外的特性，所以也可以抑制腸子吸收膽固醇。再者，食物纖維可以延緩、阻礙腸內吸收醣類與脂肪，所以可以抑制餐後血糖急速上升，較不容易產生中性脂肪。

水溶性食物纖維可以有效降低膽固醇

食物纖維分爲可溶於水的**水溶性類型**，以及不溶於水的**非水溶性類型**，植物性食品兩種類型的食物纖維都有。在這當中，尤其以水溶性食物纖維最能有效降低ＬＤＬ膽固醇。

含有非水溶性食物纖維的食物吃起來比較有食感，容易覺得飽，所以可預防肥胖。另外，非水溶性食物纖

請記得下列含有許多食物纖維的代表性食品

穀類

- 糙米
- 胚芽米
- 全麥麵包
- 黑麥麵包
- 麥片粥
- 大麥
- 玉蜀黍

海藻、蒟蒻

- 海帶芽
- 昆布
- 羊硒菜
- 海苔
- 洋菜
- 蒟蒻
- 蒟蒻絲

這些食材無法一次吃很多，所以可在各種料理中各加入一點點，讓它們常出現在自己的菜單裡。

薯類

- 芋頭
- 地瓜
- 馬鈴薯
- 山藥

蔬菜

- 牛蒡
- 白花椰菜
- 綠花椰菜
- 竹筍
- 蓮藕
- 紅蘿蔔
- 南瓜
- 菠菜
- 茼蒿
- 秋葵
- 四季豆
- 高麗菜
- 豆芽菜
- 蘿蔔乾

綠花椰菜和白花椰菜的綜合料理不但容易入口，也很容易攝取到食物纖維。有黏性的秋葵或是黃麻（又稱「埃及國王菜」，Mulukhiyya）也有許多食物纖維，可用來多做一盤有別於其他料理的小菜。

豆類

- 大豆
- 納豆
- 豆腐渣
- 毛豆
- 紅豆
- 四季豆
- 青豌豆
- 鷹嘴（chickpea）

四季豆和紅豆、大豆含有許多食物纖維，尤其以鷹嘴豆的含量最高

水果

- 蘋果
- 草莓
- 奇異果
- 香蕉
- 柿子
- 柳橙
- 梨子

菇類

- 香菇
- 朴蕈
- 紫蘑菇
- 木耳
- 蘑菇
- 杏鮑菇

維可以增加糞便量，加速腸子蠕動，改善便祕，還可以清掃腸內環境，讓有害物質不會長時間停留在腸子裡。水溶性食物纖維含量較多的代表性食物是主要是蔬菜，例如白花椰菜、綠花椰菜、蘿蔔乾、紅蘿蔔、牛蒡、秋葵等等。蒟蒻、蒟蒻絲、葫蘆瓜、以及昆布、羊硒菜、海帶芽、洋菜等海藻類食品也有許多水溶性食物纖維。橘子、奇異果、草莓、香蕉、蘋果等水果也有豐富的水溶性食物纖維。

含有非水溶性食物纖維的有牛蒡、竹筍、西洋芹等蔬菜，未精製的穀物（胚芽米、糙米、大麥、全麥麵包、麥片粥等等）、香菇或朴蕈等菇類，薯類也含有許多非水溶性食物纖維。

食物纖維一天攝取二十五克以上

我們可運用各種烹調方式，讓自己常常吃到食物纖維豐富的食物。**一天的食物纖維攝取量是以二十五克左右為目標。**

一個成人每天具體的食用量是蔬菜三百五十克以上，薯類一百克左右，水果二百克左右，配合適量的穀類、菇類、海藻、豆類（特別是大豆），只要每餐都能食用少許這些食物，就可以達到一天攝取二十五克食物纖維的目標。

◆ 1 天所需的食物纖維量

資料來源：參考「日本人的飲食攝取基準」2005 年版

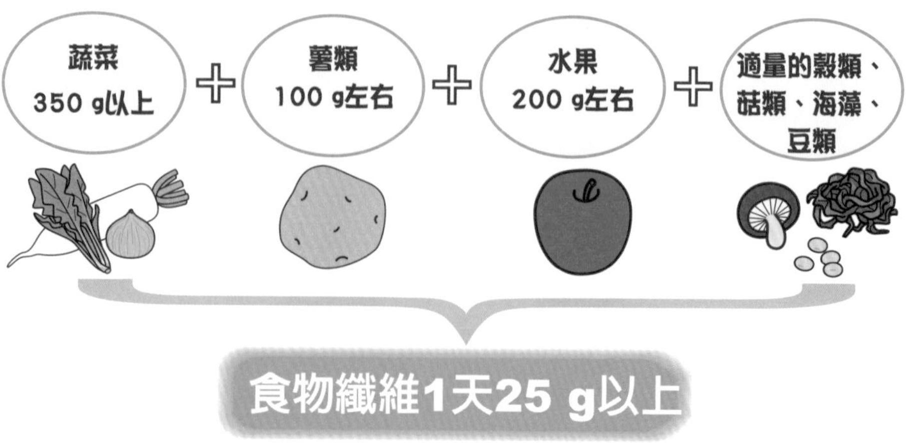

輕鬆攝取大量食物纖維的方法

用下列方式每天確實攝取富含食物纖維的食品：

以日式料理為主

日式料理以米飯為主食，所以容易吃到食物纖維，而且可以用蔬菜、薯類、豆類、海藻、菇類、蒟蒻等高纖食材入菜。例如把納豆、涼拌菠菜當小菜，再加上一碗海帶芽味噌湯，就可以攝取到各種食物纖維。

水煮或燉煮蔬菜

生菜含有水分而且體積較大，反而比較不容易攝取到食物纖維。一天要吃 300 g 生菜沙拉相當辛苦，而且食物纖維的含量也不如預期。不過當蔬菜經過蒸、煮、燉等加熱程序之後，看起來的份量就會減少，容易入口，可以多吃到更多食物纖維，因此如果把蔬菜做成涼拌或燙青菜、火鍋，再多的青菜都可以輕鬆吃下肚。

積極利用乾貨

蘿蔔乾或乾香菇、乾木耳、葫蘆干等乾貨食品都含有大量的食物纖維，而且也有許多維生素、鈣質、鐵質。

讓「媽媽的味道」上餐桌

多吃一些醬油牛蒡、羊硒菜或是炒豆腐渣、燉蘿蔔乾、燉豆子、燉蓮藕蘿蔔等傳統日式料理，可以攝取到許多食物纖維。

在主食上多用心

吃飯時可以在白飯裡加入一些大麥、糙米、七分白米、胚芽米，這樣可以攝取到較多的食物纖維，麵包也可選擇黑麥麵包或全麥麵包、小麥胚芽麵包，這樣也可以增加食物纖維的量。另外，蕎麥麵所含的食物纖維比烏龍麵更多，還有一些只要較少份量即可獲得大量食物纖維的五穀類。

攝取維生素C可抑制LDL氧化，預防動脈硬化

必須攝取抗氧化物，預防LDL氧化

引起動脈硬化的主要原因之一就是**LDL膽固醇氧化**，引起氧化的就是**活性氧**。

在我們體內原本就有「抑制活性氧造成氧化」的機制，但是抽菸、紫外線、壓力等各項因素加進來之後，身體就沒辦法處理活性氧，再加上年齡漸增之後，對氧化的抑制能力就更弱了。

因此為了避免LDL氧化造成動脈硬化，必須多攝取**抗氧化物**。

抗氧化物指的是擁有去除活性氧或是抑制氧化之能力（**抗氧化作用**）的物質，大部分的抗氧化物都可以從食物當中獲得。為了強化血管預防動脈硬化，應積極攝取抗氧化物。

多攝取抗氧化的維生素E與C

天然抗氧化物首推**「抗氧化維生素」**的**維生素E與C**。

維生素E是我們體內的抗氧化系統裡最重要的部分。尤其是可以防止血管壁中的LDL氧化。另外，醫學報告顯示，維生素E可以維持血管健康、促進血液循環、調整荷爾蒙分泌。

維生素C可以立刻消除活性氧、抑制脂質氧化。血液當中有維生素C，就可以減少LDL氧化，並且抑制維生素E的減少。**為了預防動脈硬化，必須在飲食時大量攝取維生素E和C**。兩種一起攝取，就可以提升抗

氧化作用。維生素E屬於脂溶性維生素（溶於油脂的性質），富含於豆類或穀類胚芽、堅果類，或是以堅果類爲原料製成的植物油當中。其他還有許多食品也有維生素E，所以只要注意均衡飲食，就不至於攝取不足。

大家都知道水果或蔬菜當中含有豐富的維生素C。維生素C是水溶性又怕熱，清洗、烹煮都會造成破壞或是流失，而使含量減少，所以盡量不要在切完菜之後泡水太久或是煮太久。在這方面，水果可以生食，所以可以減少維生素C的損失，但是水果有許多蔗糖和果糖，還是要避免攝取過多。

富含維生素E、C的食品

維生素E

脂溶性抗氧化物，可防止脂質氧化，做爲生物膜，保護生物膜不受活性氧的氧化影響。

所需量 男女皆為 100 mg

富含的食品

植物油（大豆油、玉米油、葵花籽油）、穀物類、堅果類（杏仁、花生等），芝麻、黃綠色蔬菜（南瓜、菠菜等）、鱷梨、豆類、鰻魚、鮪魚、秋刀魚、青花魚、沙丁魚、魚卵（鹹鮭魚子、鱈魚子、鮭魚卵等）

維生素C

水溶性的抗氧化物，可防止脂質氧化，也可以提高對感冒、壓力的抵抗力。

所需量 男性 10 mg，女性 8 mg（審定註：科學家曾建議一般人每天攝取 100 至 200mg，中高危險群則每天 500 至 1000 mg，高危險群每天 1000 至 2000 mg。）

富含的食品

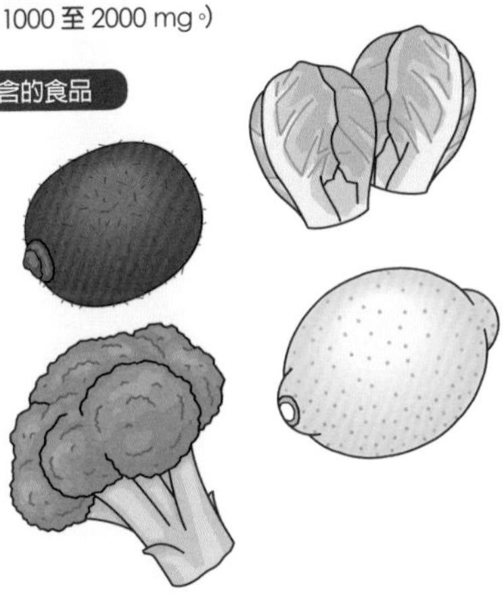

水果（柑橘類或草莓、奇異果、檸檬等）
蔬菜（綠花椰菜、紅青椒、甘藍菜、小松菜、菠菜、油菜花、苦瓜等）
薯類（地瓜、馬鈴薯等）

β-胡蘿蔔素等富含類胡蘿蔔素的黃綠色蔬菜，可預防ＬＤＬ氧化

大多數植物性食物都含有防止ＬＤＬ氧化的抗氧化物。有些植物的葉、花、莖、果實當中的色素或香氣、苦澀等成分當中更含有強效抗氧化的成分。類胡蘿蔔素（carotenoid）和多酚（polyphenol）就屬於這一類的抗氧化物。首先是**類胡蘿蔔素**，這是紅色或黃色的植物色素之一，可以分爲胡蘿蔔素（carotine）和葉黃素（xanthophyll）兩大類。胡蘿蔔素的代表就是大家都知道的**β-胡蘿蔔素**，這是抗氧化物當中抗氧化效果較強的物質，可在體內轉成維生素Ａ來發揮功能。β-胡蘿蔔素含量最高的就是**黃綠色蔬菜**。尤其是胡蘿蔔、南瓜、茼蒿、韭菜、小松菜、菠菜等，顏色深的蔬菜β-胡蘿蔔素含量都比較高。海苔等海藻類也含有豐富的β-胡蘿蔔素，一百克的海藻，β-胡蘿蔔素的量就足以和黃綠色蔬菜匹敵。

番茄裡含量豐富的**茄紅素**（lycopene），也是類胡蘿蔔素的一種。

形成**紅青椒**的紅色色素成分的**辣椒紅素**（capsanthin）被歸類爲**葉黃素類**。抗氧化作用比β-胡蘿蔔素更強。辣椒紅素多含於**紅辣椒**裡。其實紅魚、貝類的色素成分——**蝦紅素**（astaxanthin）也是屬於類胡蘿蔔素之一。

每一種類胡蘿蔔素都可以保護ＬＤＬ不受活性氧的氧化攻擊，所以每天都要吃些黃綠色蔬菜。

類胡蘿蔔素是脂溶性，優點是經過加熱也不會減少。所以用油炒黃綠色蔬菜，可以大大提高吸收率，但要注意油量不要過多。用芝麻粉或碎堅果等油脂高的堅果來拌煮，也是增加人體吸收β-胡蘿蔔素的一個祕訣。

另外我們也知道，如果每天抽菸或是飲酒過量，都會造成類胡蘿蔔素流失。爲了讓好不容易攝取到的類胡蘿蔔素發揮最大功效，一定要記得克制菸酒。

類胡蘿蔔素的色素之一就是β-胡蘿蔔素

- 類胡蘿蔔素
  - 胡蘿蔔素類
  - 葉黃素類
- 類黃酮

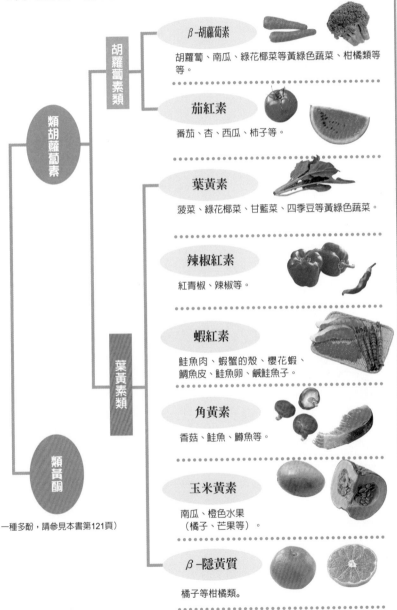

一種多酚，請參見本書第121頁）

胡蘿蔔素類

β-胡蘿蔔素

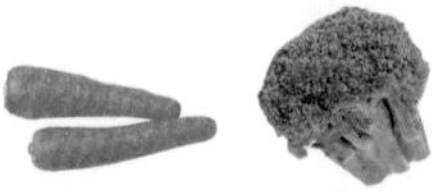

胡蘿蔔、南瓜、綠花椰菜等黃綠色蔬菜、柑橘類等等。

茄紅素

番茄、杏、西瓜、柿子等。

葉黃素類

葉黃素

菠菜、綠花椰菜、甘藍菜、四季豆等黃綠色蔬菜。

辣椒紅素

紅青椒、辣椒等。

蝦紅素

鮭魚肉、蝦蟹的殼、櫻花蝦、鯛魚皮、鮭魚卵、鹹鮭魚子。

角黃素

香菇、鮭魚、鱒魚等。

玉米黃素

南瓜、橙色水果（橘子、芒果等）。

β-隱黃質

橘子等柑橘類。

※ 胡蘿蔔素當中的茄紅素、葉黃素類，也具有優良的抗氧化作用。

※ 類胡蘿蔔素會隨著溫度的變化在植物當中合成，所以從果皮到果芯都含有。

植物的多酚也有強抗氧化成分，可以預防LDL氧化

天然抗氧化物中，就屬**多酚**的強效抗氧化作用最受人矚目。這是光合作用所形成的植物色素成分——**類黃酮**（flavonoid），以及其他光合作用所產生的植物苦、澀、辣、嗆物質的總稱。

芝麻裡的**木酚素**（lignan），以及大豆、洋蔥當中白色色素的成分都是多酚的一種。我們知道茶的苦澀是來自於**兒茶素**。草莓和葡萄、茄子等紅、紫色素成分所含的**花青素**（anthocyanin）也是類黃酮的一種（花青素原本是黃色素，遇酸會變成紅色，遇鐵則變成藍紫色）。每一種都有很強的抗氧化力。

多酚種類如左表所示，身邊的蔬菜、水果、各種食品當中都有多酚，多攝取這些食品，可以防止ＬＤＬ膽固醇氧化，以及預防動脈硬化。另外，多酚是水溶性的，所以要注意別讓食物泡水太久。

檸檬黃素
(hesperidin)
橘子、酸橙、椪柑、檸檬皮、檸檬汁等。

橙皮甘
(Hesperidin)
橘子、香欒、文旦皮等。

雙氫槲皮素
(taxifolin)
柑橘類、花生等。

查爾酮（chalcone）
明日葉等。

■類胡蘿蔔素與類黃酮的不同
類胡蘿蔔素會隨著溫度變化在植物當中合成，所以從植物表面到裡面都找得到。但多酚要靠光合作用產生，所以通常存在於植物表面。另外，類胡蘿蔔素是脂溶性的，可保護細胞膜或體內脂質部分，而多酚是水溶性，可保護細胞內外水分多的部分，以及血液等體液。

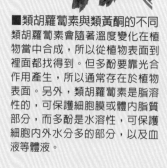

具代表性的多酚種類，以及含有多酚的食品

多酚

類黃酮類的多酚

花青素
草莓、茄子皮、葡萄、藍莓、紫蘇、紅豆、紫芋、櫻桃、紅酒等。

木犀草素（luteonin）
茼蒿、西洋芹、青椒、紫蘇等

槲黃素（quercetin）
洋蔥、綠花椰菜、蘋果、萵苣、草莓、蕎麥、紅酒、可可等。

芹菜素（apigenin）
芹菜、西洋芹、青椒等。

芸香素（rutin）
蕎麥、蘆筍等。

山奈酚（kaempferol）
韭菜、綠花椰菜、白蘿蔔、洋蔥等。

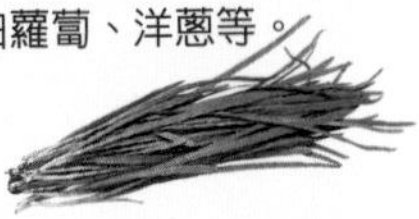

大豆異黃酮（isoflavone）
大豆等豆類、葛等等。

楊梅素（myricetin）
蔓越莓、葡萄、紅酒等。

非類黃酮類的多酚

芝麻素酚（sesaminol）
芝麻、芝麻油。

薑黃素
薑黃等。

單寧
茶、柿子、紅酒、紫蘇、艾草等等。

兒茶素
綠茶、紅茶、烏龍茶、可可亞、巧克力、水果、紅酒等。

咖啡酸
咖啡、蘋果、地瓜等。

有些人需控制雞蛋的食用量，請遵照醫師指示

要遵照主治醫師或營養師的指示，適量攝取雞蛋

蛋類（雞蛋）是高膽固醇的代表食品。越重的蛋含量越高，中型雞蛋一個約有二百一十毫克的膽固醇。但是雞蛋含有優良的蛋白質、磷、鈣、鐵等礦物質，另外維生素B2等多項維生素的含量也很均衡，是非常好的食品。也含有細胞膜、脂蛋白的重要成分——卵磷脂。

考量這些高營養特點後就會發現，如果不吃蛋的話，對人體損失很大，飲食範圍也許會變得很窄。**雖然不是不能吃，但是食用量和次數要和醫師、營養師商量之後再遵照指示來食用**。而且一天可以攝取的膽固醇量要控制在三百毫克以下，應盡量掌握均衡營養。

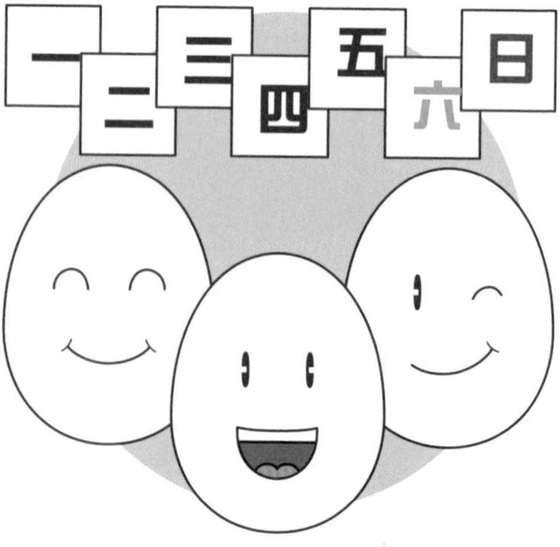

一般雞蛋的食用標準是每週二至三個

一般雞蛋的攝取量是一天一個以下。但是在每天的用餐中，我們可能會同時吃下魚、肉等含有膽固醇的其他食物，所以平均一天吃半個比較安心。**如果飲食當中攝取的膽固醇目標是二百毫克以下的話，雞蛋量是三天一個**；一週吃兩次蛋的料理，雞蛋的食用量大約是兩個。**膽固醇值偏高，但醫師沒有限制食用量時，大約訂在**

兩天一個或是一週三個左右比較安心。另外，LDL膽固醇值已出現警訊的人，要注意別吃太多蛋。

盡量避開蛋黃，多吃蛋白

雞蛋入菜也要稍微多用點心。盡量避免吃全蛋（荷包蛋、煎蛋、水煮蛋等），把蛋和蔬菜一起煮，或放到湯裡，和其他食材一起分成好幾個人的份，這樣雞蛋的食用量就可控制在一個以下。另外，膽固醇幾乎都在蛋黃裡，蛋白沒什麼膽固醇（一百克蛋黃含有一百四十毫克膽固醇，一百克蛋白中只有一毫克），而且含有豐富的蛋白質。盡量好好地用蛋白來料理，多多攝取蛋白吧！例如生蛋白可做成蛋花湯，水煮蛋白可切丁和加在沙拉裡，這些都是料理的好方法。

◆看不見雞蛋的蛋類加工食品

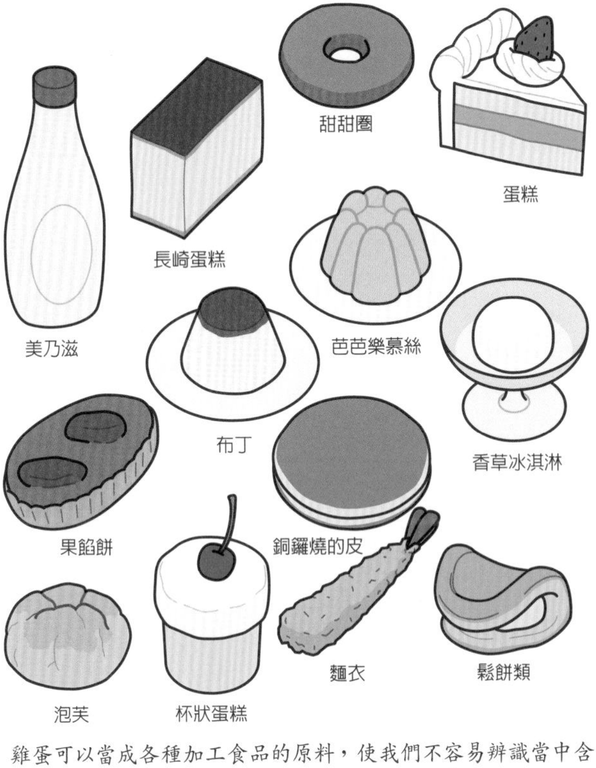

雞蛋可以當成各種加工食品的原料，使我們不容易辨識當中含有蛋，除了蛋糕以外，長崎蛋糕或布丁等黃色的甜點也有使用雞蛋。如果吃很多種，就有可能吃進過多膽固醇，市售加工食品在食品標示上會在原料上註明，買的時候要多注意，不要吃得太多。

若醫師沒有限制牛乳，只要不過量即可

牛奶只要不過量，膽固醇值就不會增加

喝牛奶不一定會增加膽固醇值。如果是未調整成分的一般牛奶，二百毫升（二百一十克）的膽固醇含量約有二十五毫克，乳脂肪只有八克。在近年的科學研究實驗裡，也清楚證實每天只要喝不超過二至三公升的牛奶，LDL膽固醇就不會上升。

◆牛乳成分規格

<table>
<tr><th colspan="2" rowspan="2">種類</th><th rowspan="2">使用比例</th><th colspan="2">成分</th></tr>
<tr><th>乳脂肪</th><th>非脂肪乳固形物（乳蛋白質、乳糖等）</th></tr>
<tr><td colspan="2">牛乳（普通牛乳）</td><td rowspan="4">生乳100%</td><td>3.0%以上</td><td rowspan="5">8.0%以上</td></tr>
<tr><td rowspan="3">成分調整</td><td>成分調整牛乳</td><td>–</td></tr>
<tr><td>低脂牛乳</td><td>0.5%以上
1.5%以下</td></tr>
<tr><td>脫脂牛乳</td><td>未滿0.5%</td></tr>
<tr><td colspan="2">調味乳</td><td>–</td><td>–</td></tr>
<tr><td colspan="2">乳品飲料</td><td>–</td><td colspan="2">乳固形物3.0以上</td></tr>
</table>

資料來源：日本牛乳及乳製品成分規格等相關省令。

除了特別情形之外，喝二百毫升並不會有影響

牛乳本身含有優良的蛋白質和維生素、礦物質，營養價值很高。尤其含有大量鈣質，而且是人體容易吸收的鈣質形式。

日本人容易缺鈣，牛奶能有效補充鈣質，也可以補充優良的蛋白質，所以除非血脂肪值嚴重偏高，醫師嚴格限制飲食，否則**一天喝一杯（二百毫升）並不會有不良影響。**

建議喝低脂或脫脂鮮乳

牛乳當中的脂肪（乳脂肪）含有許多飽和脂肪酸。也就是說，

普通牛乳當中脂肪約占百分之三點五，當中有七成是飽和脂肪酸。飽和脂肪酸攝取過多會造成血中LDL膽固醇增加，因此LDL膽固醇值過高的人及必須減重的人，最好能喝**低脂或脫脂鮮乳**。順帶一提，低脂鮮乳的飽和脂肪酸含量是普通牛乳的三分之一以下，膽固醇量是普通牛乳的一半（二百克之中約有十二毫克）。不過調味乳不可攝取過多，一天一杯左右即可。

起士、優格要選擇種類，不要攝取過多

起士是乳製品當中脂肪含量較高的食品。加工乾酪（processed cheese）一天可吃一塊，也可以吃脫脂乳品製成的農家乾酪（cottage cheese），不過不要過量。奶油乳酪（cream cheese）的乳脂肪比較多，應盡量少吃。

若要吃優格，應盡量選擇無糖的原味優格。優格的營養成分和牛乳幾乎相同，也含有乳脂肪，只要不過量，對LDL膽固醇值就不會造成影響。一天還是以二百克（一杯）的程度爲限。

◆牛乳、乳製品所含的膽固醇、脂質的量

■…………要特別注意的食品（比普通牛乳的飽和脂肪酸更多）
■…………需要注意的食品（飽和脂肪酸在3.5以上 [以冰淇淋做基準]）
■…………推薦食品（飽和脂肪酸2.0以下）

食品名稱	標準量	膽固醇量	脂肪酸量			熱量
			飽和	不飽和		
				單元	多元	
普通牛乳（荷蘭乳牛）	200 ml（1杯）	25 mg	4.8 g	1.8 g	0.2 g	138 kcal
調味乳（濃）	200 ml（1杯）	33 mg	5.7 g	2.4 g	0.3 g	152 kcal
低脂鮮乳	200 ml（1杯）	12 mg	1.4 g	0.5 g	0.1 g	95 kcal
脫脂鮮乳	200 ml（1杯）	6 mg	0.1 g	0.0 g	0.0 g	68 kcal
脫脂奶粉	20 g（2.5大匙）	5 mg	0.1 g	0.0 g	0.0 g	72 kcal
優格（原味）	100 g（半杯）	12 mg	1.8 g	0.7 g	0.1 g	62 kcal
加工乾酪	25 g（1片）	20 mg	4.0 g	1.7 g	0.1 g	85 kcal
奶油乳酪	25 g（1片）	25 mg	5.1 g	1.9 g	0.2 g	87 kcal
農家乾酪	15 g（1大匙）	3 mg	0.4 g	0.2 g	0.0 g	16 kcal

※ 標準量是指成人1餐的平均量。　　資料來源：參考「五訂日本食品標準成分表」製作。

魷魚、章魚、蝦、蟹、貝類，只要適量就無須擔心

含有抑制LDL膽固醇值上升的不飽和脂肪酸

大家都知道烏賊、章魚、蝦、蟹、貝類含有許多膽固醇。但是近年來採取高精度測量之後，發現這些海鮮的膽固醇其實並沒有那麼高。另外，經過各種實驗結果發現，**吃了這些食物之後，LDL膽固醇也不致提高太多**。

雖然顯示的測定值比以前認為的數值少，但還是表示海鮮當中含有膽固醇，這些膽固醇之所以不會造成LDL膽固醇上升，是因為當中所含的脂肪酸種類不同。我們體內會將血液中多餘的LDL送到肝臟，合成膽汁酸，再成為膽汁分泌出來。但是食物中的膽固醇如果含有太多飽和脂肪酸的話，LDL受體會減少，使進入肝臟的LDL跟著減少，於是血液中多餘的膽固醇就無法進入肝臟。而富含於烏賊、章魚、蝦、蟹、貝類當中的多元不飽和脂肪酸，並不會使肝臟的LDL受體減少。這麼一來，這些食物就不會造成血中LDL膽固醇增加。

牛磺酸可以抑制人體吸收膽固醇

另外，這些海鮮還含有一種名為牛磺酸（taurine）的胺基酸。牛磺酸可促進膽汁酸分泌，加強肝臟功能。在動物實驗報告中發現，牛磺酸還可以抑制膽固醇增加。再者，我們已經知道，這些食品當中所含的固醇（sterol）可以抑制腸道吸收膽固醇。

烏賊、章魚、蝦、蟹、貝類雖然含有膽固醇，但從上述的說明可以知道即使是ＬＤ**Ｌ膽固醇值稍微偏高的人，只要經常適量攝取，就不需要太過緊張。**

但是ＬＤＬ膽固醇值異常偏高的人，或是即使注意飲食仍無法降低膽固醇值的人，就必須和醫師商量聽從指示。

◆烏賊、章魚、蝦、蟹、貝類所含的膽固醇量

食物名稱	標準量（淨重）	膽固醇量	熱量
魷魚（去除內臟）	110 g（中半隻）	297 mg	97 kcal
烏賊（生烏賊片）	50 g（1人份）	135 mg	44 kcal
烏賊罐頭	50 g（半罐）	210 mg	67 kcal
螢烏賊	30 g（5～6隻）	72 mg	25 kcal
章魚（水煮）	150 g（1隻腳）	225 mg	149 kcal
草蝦	75 g（3隻）	113 mg	62 kcal
大正蝦	75 g（5隻）	120 mg	71 kcal
沙蝦	30 g（10隻）	51 mg	25 kcal
明蝦	20 g（1隻）	34 mg	19 kcal
甜蝦	30 g（5隻）	39 mg	26 kcal
櫻花蝦（乾的）	3 g（1大匙）	21 mg	9 kcal
蝦米	8 g（1大匙）	41 mg	19 kcal
楚蟹（水煮）	140 g（6個蟹腳）	60 mg	68 kcal
毛蟹（水煮）	400 g（1隻）	64 mg	100 kcal
渡蟹（梭子蟹）	200 g（1隻）	55 mg	46 kcal
蝦蛄（水煮）	60 g（3隻）	90 mg	59 kcal
海瓜子（帶殼）	80 g	12 mg	9 kcal
牡蠣（養殖）	75 g（5顆）	38 mg	45 kcal
海扇貝（水煮）	60 g（1個）	31 mg	60 kcal
蠑螺	140 g（1個帶殼）	29 mg	19 kcal
鮑魚（帶殼）	250 g（1大個）	110 mg	82 kcal
蜆（帶殼）	30 g（1人份）	5 mg	3 kcal
干貝	25 g（1個）	8 mg	24 kcal
海參	20 g（1/4隻）	0 mg	5 kcal

資料來源：參考「五訂增補 日本食品標準成分表」製作。

會造成中性脂肪上升的酒精
只要適量，就可增加好的ＨＤＬ

在本書第五九頁有提過，適量飲酒可以增加好的ＨＤＬ。另外，醫學上也證實長時間適量攝取酒類，可以降低心臟病的罹患率。但是喝得太多會增加血液中的中性脂肪。尤其是中性脂肪值高的人，只要戒酒或是稍微節制一下，通常中性脂肪就會大幅度減少。在控制平日適量飲酒的同時，也應盡可能減少飲酒次數。每個人的適當飲用量都不盡相同。一般來說，每天的酒精攝取量約在二十五至三十克左右（參考下圖）。理想的每週飲酒次數是一至二次，最起碼控制在兩天一次的程度。如果這樣還是做不到的話，至少每週訂個一至二天為「休肝日」（不喝酒讓肝臟休息的日子），以便讓酒精能夠完全排出。

◆各種酒類的適當飲用量

這些方式可以減少飲酒量

1 訂定飲酒量與飲酒時間，並且嚴格遵守。

沒訂出時間一直持續不斷地喝，會變得沒有節制而喝太多。

2喝酒前先喝茶和水。

3肚子太餓時容易喝得太多，一定要確實吃三餐。

4改掉和朋友一起外食的習慣，晚飯和家人在家裡吃。

5不要將酒買來在家裡存放，只買當天要喝的就好。

6不要空腹喝，應在餐後喝。

7好喝的酒，喝一點點就好。

8威士忌等較烈的酒盡可能稀釋，以免喝得太多。

9盡可能配些下酒菜，多花點時間慢慢品嚐。

10如果只是要解渴的話，就不要喝含酒精的飲料。

可以喝無酒精啤酒，或是發泡礦泉水，如果真的克制不了飲酒慾望，可以喝低卡啤酒。

11不要合併其他酒類，以免喝得太多。

12別人邀約喝酒時，每兩次拒絕一次。

13應酬時，只喝不得不喝的酒。

14在外喝酒時，不要互相勸酒。

必須每天攝取的食物❶

【蔬菜】富含食物纖維與抗氧化成分

想要降低LDL膽固醇值，**首先必須增加每天攝取的蔬菜量**。

蔬菜含有食物纖維以及維生素C、E，抑制氧化的成分很豐富，抗氧化成分（類胡蘿蔔素或多酚等）可以減少LDL膽固醇，因此可以說，蔬菜攝取不足，是造成LDL膽固醇值上升的原因之一。

蔬菜可大致分爲像是白蘿蔔、洋蔥、高麗菜等顏色較淡的**淡色蔬菜**，以及菠菜、青椒、紅蘿蔔等顏色深的**黃綠色蔬菜**二種。淡色蔬菜的維生素C含量豐富，而深色蔬菜則有大量的β-胡蘿蔔素和維生素E。

一天最低的蔬菜攝取總量標準是三百五十克，當中最好是黃綠色蔬菜占三分之一（一百二十克），淡色蔬菜占三分之二（二百三十克）。但是不需要嚴守這種規定，**只要兩種蔬菜加起來每天有到三百五十克就好了**。

而且攝取多個種類很重要，雖然每一種的份量少，但是種類多的話，各種有效成分可以充分發揮。因此最好的方式，就是三餐都要吃到蔬菜做的料理。

◆一餐的蔬菜量

生菜的話是兩手
滿滿，煮熟的則
是單手滿滿。

別在乎蔬菜種類，確實攝取必需量最重要

淡色蔬菜

高麗菜／茄子／竹筍／小黃瓜／白蘿蔔／洋蔥／西洋芹／萵苣／白花椰菜／豆芽菜／苦瓜等等

黃綠色蔬菜

綠花椰菜／南瓜／菠菜／紅蘿蔔／茼蒿／韭菜／四季豆／青豌豆／青椒、紅椒、黃椒／甘藍菜／小松菜／番茄／蘆筍等等。

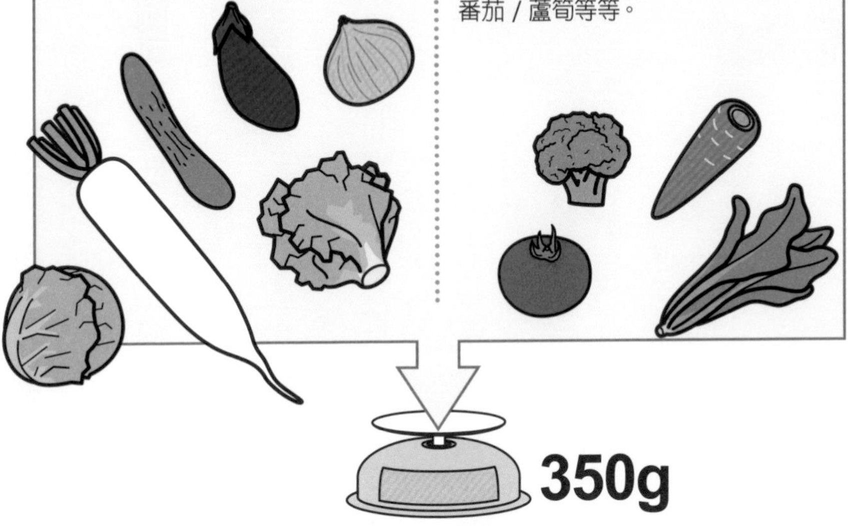

另外，大家一想到要多吃蔬菜，往往會想到生菜沙拉之類，直接把菜拿來吃，其實經過燉或是水煮等烹調方式，可以減少膨鬆的蔬菜量，更容易入口，也可以吃得比較多。

◆無法充分攝取蔬菜時，飲用罐裝果菜汁或番茄汁、紅蘿蔔汁，也是一個聊勝於無的替代方式。

【大豆、豆類製品】富含降低ＬＤＬ膽固醇的成分

大豆蛋白與大豆異黃酮可以降低ＬＤＬ膽固醇

大豆裡含有各種可以降低ＬＤＬ膽固醇的成分。

例如大豆蛋白質，它不只是優良蛋白質，也可以降低ＬＤＬ膽固醇。

大豆蛋白在消化過程中產生的物質，會和肝臟分泌的膽汁酸結合，讓膽汁酸容易化成糞便排出體外。這麼一來膽汁酸減少，爲了補充膽汁酸，就必須使用肝臟內的膽固醇，使肝臟的ＬＤＬ受體增加，ＬＤＬ更容易被吸收，因此可以降低血中ＬＤＬ膽固醇值。

大家都知道，**大豆異黃酮**和女性荷爾蒙有類似的作用。除此之外，大豆異黃酮還可以降低ＬＤＬ膽固醇，也有增加ＨＤＬ膽固醇的作用。而且我們身邊最容易取得的，含有大豆異黃酮成分的食物，就是大豆。

大豆異黃酮也是多酚的一種，具有強效的抗氧化作用，可以防止ＬＤＬ氧化，具有預防動脈硬化的作用。

再者，大豆脂質還富含可降低膽固醇的不飽和脂肪酸（亞麻油酸和α-亞麻油酸）。

大豆的豐富成分可以改善脂質異常、預防動脈硬化

大豆還含有大豆皂素（saponins）、卵磷脂、維生素E、固醇等，諸多可以改善脂質異常症的成分。

人類的細胞膜有許多不飽和脂肪酸，血管壁的細胞膜氧化造成過氧化物質，產生血液循環障礙時，就會導致動脈硬化。**皂素**除了可以預防細胞膜的不飽和脂肪酸氧化，同時還可以預防氧化脂質損害細胞。**固醇**也是一種脂質，是構成細胞膜的主要成分。有醫學報告指出，固醇可以改善脂質代謝。

維生素E是優秀的抗氧化維生素，可以防止不飽和脂肪酸氧化。

植物固醇（plant sterol）在經由腸道吸收時，會發揮阻礙膽固醇吸收的功能。也就是說，會抑制人體吸收過多膽固醇。

◆大豆所含的營養成分及其作用

營養成分	作用
大豆蛋白質	降低LDL膽固醇值，降低血壓。提高基礎代謝率，讓脂肪容易燃燒、預防肥胖。
卵磷脂	可增加好的HDL膽固醇，減少壞的LDL膽固醇，也可以減少中性脂肪。
不飽和脂肪酸	亞麻油酸或α-亞麻油酸等可以防止LDL膽固醇值上升（近年有許多亞麻油酸的負面報導，但大豆的亞麻油酸可和其他成分發揮複合作用，抑制負面影響）。
植物固醇	阻擋人體吸收多餘膽固醇，降低膽固醇值。
大豆皂素	可降低膽固醇值和中性脂肪值，提高免疫力預防壞的LDL膽固醇氧化，而且可以抑制血小板凝聚。
大豆異黃酮	屬於一種多酚（類黃酮），具有去除活性氧的強效抗氧化作用。另外，還可以減少LDL膽固醇，增加HDL膽固醇。由於和女性荷爾蒙作用類似，因此可以減輕更年期症狀和預防骨質疏鬆症。
食物纖維	可降低LDL膽固醇值。
寡糖	可帶給腸內好菌——比菲德氏菌（Bifidus）營養，調整腸內菌叢生態，有效解除便祕，並預防大腸癌。

除了這些營養成分外，大豆還含有維生素B群和維生素E、鈣、鉀、鎂、植酸（phytic acid）等許多有效成分。

大豆是一個具有降低ＬＤＬ膽固醇，預防動脈硬化成分的寶庫。以大豆製成的豆腐與納豆等製品，也幾乎都有相同的成分。

把大豆放到每天的菜單裡，但要注意別攝取太多。另外，大豆直接製成的納豆擁有豐富的食物纖維，可以降低膽固醇，但是豆腐或油豆腐、炸豆皮等是去除大豆纖維做出來的食物，所以幾乎沒有食物纖維。

各種大豆製品的大豆異黃酮含量

下圖僅供參考，大豆異黃酮的每日建議攝取量約爲 40 mg。大豆異黃酮在體內會迅速發揮功效，餐後七至八小時就會排出體外，所以建議每餐都吃些不同的大豆製品。

■：目標量　★：大豆異黃酮含量

大豆（乾燥）
■什錦大豆1人份（20 g）
★28 mg

水煮大豆
■什錦大豆1人份（40 g）
★29 mg

大豆粉
■1大匙（8 g）
★21 mg

豆腐
■半塊（150 g）
★30 mg

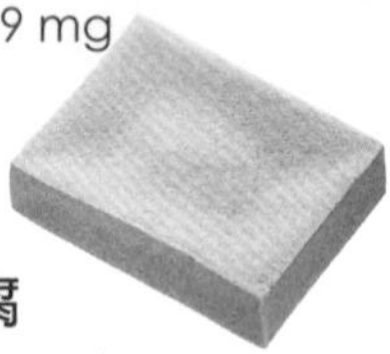

凍豆腐
■1個（16 g）
★14 mg

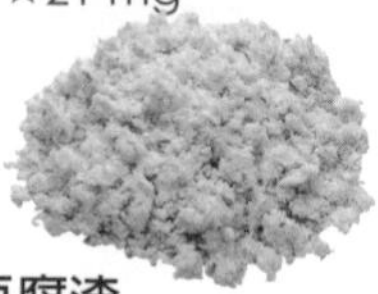

豆腐渣
■炒豆腐渣1人份（90 g）
★9 mg

納豆
■1小包（50 g）
★37 mg

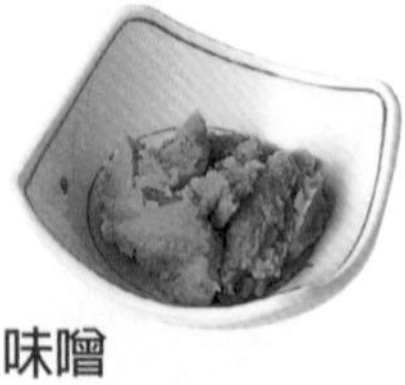

味噌
■1份味噌湯（15 g）
★7 mg

豆漿
■1杯（180 g）
★45 mg

以日本「食品安全委員會：大豆異黃酮等特定保健用食品之安全性評量基本考量（第 30 次修正案）2005 年 12 月」的資料進行概算製作。

必須每天攝取的食物❸【新鮮青背魚類】富含可降低脂肪值，預防血栓的EPA和DHA

富含可減少LDL膽固醇，預防血栓的特效成分

魚類所含的脂肪富含EPA（二十碳五烯酸）與DHA（二十二碳六烯酸）等多元不飽和脂肪酸（omega-3）。

這兩種脂肪酸同樣都具有預防動脈硬化的作用。

首先，**這兩種脂肪酸會在肝臟裡抑制中性脂肪的合成**，其次是抑制VLDL的合成。因此可以降低血中的中性脂肪，使LDL膽固醇減少。再者，這兩種脂肪酸也有抑制血小板凝聚的功能，血液不易凝結，也就不容易形成血栓。此外，還可以擴張血管降低血壓，並且具有維持血管的彈性與柔軟的功能。

EPA與DHA多含於青背魚類當中

魚類當中，尤其是青花魚、沙丁魚、竹筴魚等背部呈藍色的「**青背魚類**」所含的EPA與DHA最豐富。

魚類是優良蛋白質的來源，爲了改善脂質異常症與預防動脈硬化，平常不太吃魚的人至少應每天吃一塊，努力讓魚類成爲家中料理的主要食材。只不過雖然魚類的魚油中含有EPA、DHA，但熱量也高，雖然對身體有益，但還是別吃太多，以免攝取過多熱量，造成反效果。一次不要吃太多，每次的攝取量要適當（食用量在七十至八十克左右），一天一次。另外，青背魚類的頭也富含EPA和DHA，可以善加利用。

◆ EPA 和 DHA 含量多的魚類，每 100 g 可食部位的含量

依照 EPA 和 DHA 含量多寡排序

食物名稱	大約的食用量	EPA量	DHA量	脂肪酸總量
鮪魚（脂肪多的部位）	生魚片5～6片	1.4 g	3.2 g	22.7 g
青花魚（挪威產）	1大片	1.6 g	2.3 g	21.4 g
巨首觸角 	1條	1.5 g	1.5 g	18.9 g
養殖青鮒（鰤魚）	生魚片5～6片	1.0 g	1.7 g	13.7 g
青鮒（鰤魚）	生魚片5～6片	0.9 g	1.7 g	12.7 g
秋刀魚 	1條	0.9 g	1.7 g	19.3 g
沙丁魚 	1大條	1.2 g	1.3 g	10.5 g
白帶魚 	1小片	1.0 g	1.4 g	17.0 g
青花魚（水煮罐頭）	約半罐	0.9 g	1.3 g	9.0 g
鰻魚（蒲燒鰻）	1串	0.8 g	1.3 g	18.6 g
銀鮭 	1片	0.7 g	1.2 g	8.7 g
鯡魚 	2/3條	0.9 g	0.8 g	12.7 g
真鯛（養殖）	1片	0.6 g	0.9 g	8.5 g
鰹魚（秋天捕獲）	生魚片5～6片	0.4 g	1.0 g	4.7 g
去除內臟的沙丁魚乾 	2條	0.8 g	0.6 g	14.1 g
馬加魚（即䱽魠魚）	1片	0.4 g	0.9 g	7.7 g
星鰻（蒸）	2小條	0.8 g	0.5 g	9.9 g
真鯖魚 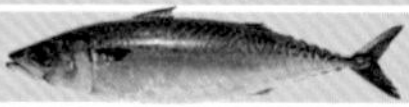	1大片	0.5 g	0.7 g	8.8 g
石斑魚（魚乾）	半條	0.6 g	0.4 g	5.3 g
日本叉牙魚 	5條	0.5 g	0.7 g	4.5 g
海鱺魚	2片	0.2 g	0.6 g	4.2 g
鱸魚 	1片	0.3 g	0.4 g	3.3 g
紅鱒 	1大條	0.1 g	0.6 g	3.6 g
竹夾魚（真竹夾魚）	2小條	0.2 g	0.4 g	2.6 g
鮭魚（白鮭）	1片	0.2 g	0.4 g	3.2 g

參考資料：參考「五訂增補 日本食品標準成分表 脂肪酸成分表 編」製作。

Part 5

做些簡單的運動，就可以降低壞膽固醇值，提高好膽固醇值，預防恐怖的疾病

持續適度的有氧運動，可減少ＬＤＬ，增加ＨＤＬ

想要降低ＬＤＬ膽固醇值和中性脂肪值，進而提升ＨＤＬ膽固醇值，除了改善飲食生活，**也需適度的運動。**

一說到運動，大家也許會立刻想到激烈運動，但光做激烈運動並不算是運動。**運動原本指的是「活動肌肉」**。基本上來說，對改善脂肪值有幫助的運動，主要是**有氧運動**。有氧運動是透過呼吸動作讓氧氣大量進入身體，使全身大型肌肉緩慢地、規律地反覆且長時間活動。進行有氧運動讓血液循環順暢後，分解中性脂肪之酵素（脂蛋白脂肪酶[lipoprteinlipase，LPL]）的功能就會活化，變得較容易分解ＶＬＤＬ，因此可以有效利用進入體內的氧氣，將中性脂肪分解的游離脂肪酸，

◆有氧運動不只可以改善脂質異常症，還可以改善導致動脈硬化的危險因素

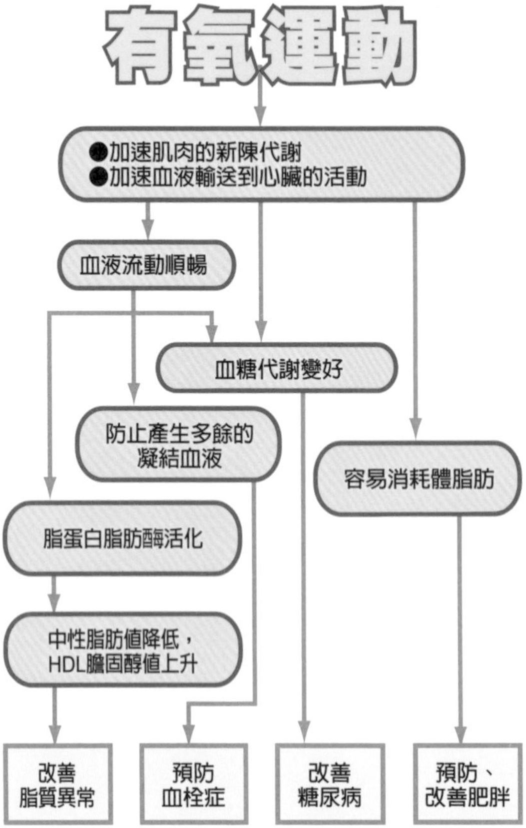

更有效率地轉化成熱量，如此便能降低血中的中性脂肪，和中性脂肪形成互爲蹺蹺板關係的好HDL膽固醇就會增加。

再者，持續進行有氧運動，**可以漸漸減少壞的LDL膽固醇。有氧運動能有效解除脂質異常症容易引起的內臟脂肪型肥胖**。同樣是體脂肪，消除內臟脂肪需要的運動量比皮下脂肪的更少，能較簡單地瘦下來。只要持續從事輕度有氧運動，一定可以消耗內臟脂肪。有氧運動也可以改善胰島素阻抗性。由於有氧運動可以抑制胰島素分泌過多，抑制中性脂肪合成，從而使體脂肪不易累積。有氧運動還能改善胰島素功能，所以也能改善糖尿病。也可以讓全身血液循環變得較順暢，達到降低血壓的效果。還可以改善動脈硬化的危險因素，因此可以抑制動脈硬化惡化，預防心肌梗塞、腦中風等。

有氧運動的項目主要有健走（快走）和慢跑、騎自行車、游泳等。

有氧運動可增加HDL 膽固醇，降低LDL 膽固醇。

◆能夠鍛鍊身體以達到健康目的的適當運動

以30歲左右的人爲例：

1 散步（100公尺／每分鐘）25分鐘
2 有氧舞蹈（不激烈）25分鐘
3 騎腳踏車（18公里／每小時）25分鐘
4 游泳（慢）25分鐘
5 慢跑（120公尺／每分鐘）20分鐘

◆這樣做更有效

1. 一次運動至少持續10分鐘以上。
2. 每天累計運動時間在20分鐘以上。
3. 原則上每天都要運動。

資料來源：厚生省創造健康生活所需運動量策定檢討會議報告書。

健走是任何人都可做的有效有氧運動

最好的有氧運動是**健走**（快走）。這不是像平常散步一般隨便走，而是挺胸，雙臂前後大幅度擺動，大步輕鬆快走

健走對腰部、腿部、膝蓋的負擔比較少，對不習慣運動的人來說，是任何人都可以做的運動。這是全身運動，所以效果也很大。

健走的優點，還包括可以在每天的日常生活中，以不勉強自己的方式長期進行。

運動後可以發現，中性脂肪值和ＨＤＬ膽固醇值很快地就有改善，但是ＬＤＬ膽固醇值要持續一陣子以後才會開始降低，所以需要長期持續運動，最能符合這個條件的運動項目就是健走。

健走不需要特別的場所、設備、工具，而且最大的優點就是運動強弱度可以靠步行的快慢來調整，因此可以依照每個人的步行距離和步行時間來調整運動量。

不管從什麼時候開始健走都有效。就抱著輕鬆的心情，告訴自己不過是在日常生活中加上健走這一項而已來開始運動。

健走的正確步法

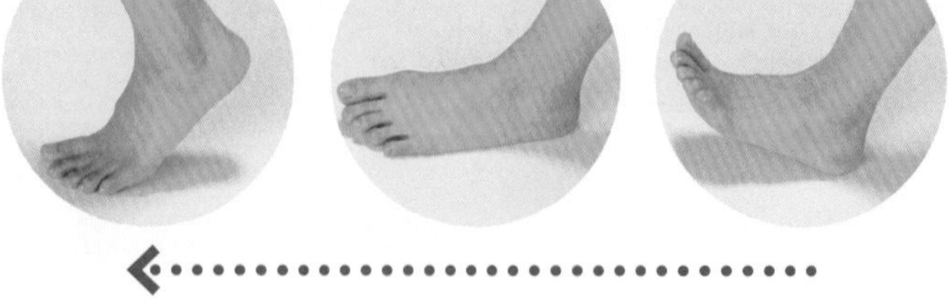

❸腳尖抵住地面，用力向後蹬。

❷依序從腳的小趾到腳拇趾貼住地面。

❸腳跟著地。

正確的步行姿勢

想要提高運動效果又不想給身體造成負擔，就要以正確的姿勢健走。

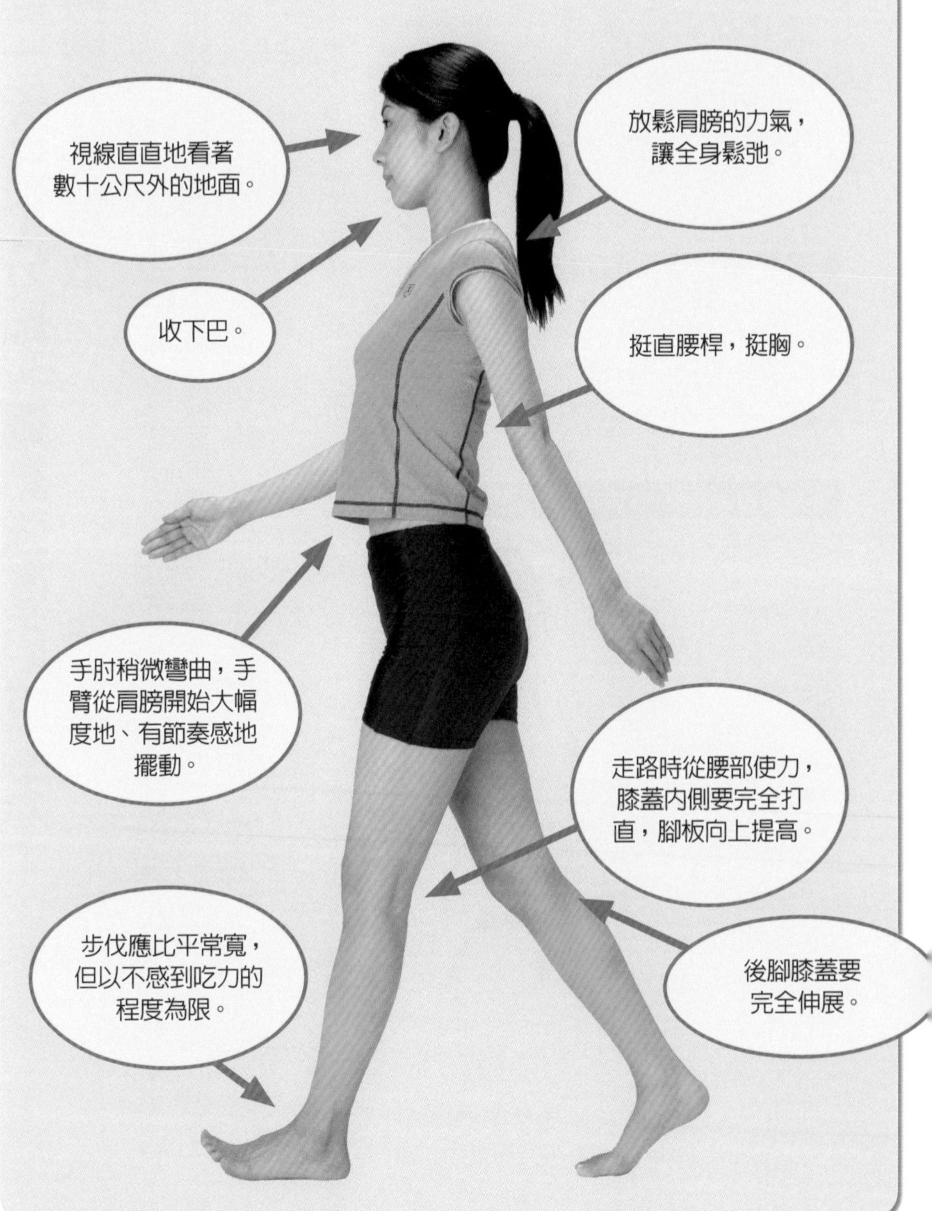
視線直直地看著
數十公尺外的地面。
放鬆肩膀的力氣，
讓全身鬆弛。
收下巴。
挺直腰桿，挺胸。
手肘稍微彎曲，手
臂從肩膀開始大幅
度地、有節奏感地
擺動。
走路時從腰部使力，
膝蓋內側要完全打
直，腳板向上提高。
步伐應比平常寬，
但以不感到吃力的
程度為限。
後腳膝蓋要
完全伸展。

健走要一天三十分鐘，運動強度百分之五十，每週持續三天以上

想要長時間，不吃力地持續健走，就要用適合自己的運動量來做，如果因爲太累而弄壞身體，那就白做了。

想要找出適合自己的適度運動，就要調整健走的速度、強度、時間（步數）、次數。每個人的適當基準會隨著個人的體力、運動經歷、年齡、體格而不同。下列程度應該可以提供給大家做參考。

速度

沒一定得走很快，「**比平常快一些**」就可以了。「嘿荷、嘿荷」很有節奏地、精神飽滿地走。以不會很喘，還能跟旁人聊天的程度就好。雙手大幅度擺動後，走路的步調自然會變快，步伐也會變大。

強度

運動的強度和步行的速度有關。稍微有點發熱、有點流汗、有點累，或覺得有點負擔的感覺，這種程度的運動最有效。

請參考一四二頁的「**自覺**

◆自覺運動強度的判定表

運動自覺量表是把運動時的感覺（辛苦感）用數字或文字表示，做強度的標準。從「11（輕鬆）」到「13（有點吃力）」是最有效的運動程度。左邊的數字乘以 10 就是心跳數的標準。問運動者感覺，當對方回答「相當吃力」時，大概可以推出心跳數是「170 下／每分鐘」左右。

運動自覺量表 (ratings of perceived exertion, RPE)

7	非常輕鬆
8	
9	相當輕鬆
10	
11	輕鬆
12	
13	有點吃力
14	
15	吃力
16	
17	相當吃力
18	
19	非常吃力
20	

(Borg GA.Med Sci Sports 5,1973)

※ 利用此判定表，和脈搏（心跳數）所設定的運動強度目標（參考左頁）做對照，就能調整到安全有效的運動強度。市售的計步器不只能計算步數，也能測量心跳數。可用這種心跳計步器來測量。

運動強度判定表」。以這個判定表做標準，不管是剛開始運動的人或老年人，都能從「輕鬆」的程度開始，等習慣之後再調整到走起來「有點吃力」的速度。

另外，如果想要輕鬆地調整強度，可在健走途中安排一至二個天橋等可以爬上爬下的地方。爬樓梯所耗費的體力據說是平地的四倍。

健走最有效的強度，是增加50%強度的脈搏目標數

一般來說，運動強度增加是爲了增加心跳數，也可以用脈搏數計算，通常最佳的運動強度，是脈搏數達到「最高脈搏數的 60%」不過最能有效消耗體脂肪，降低中性脂肪和 LDL 膽固醇的強度，是在最高脈搏數的 50%。

這裡所謂「50% 強度」的目標脈搏數，可用下列算式計算出來。

走五分鐘之後就馬上停下來測量脈搏，看看這個脈搏數有沒有達到目標脈搏數，脈搏數字太高就稍微放慢一點，數字太低就稍微加快一點。多試幾次之後，就可以掌握到用什麼速度走可以做到 50% 的強度。

根據計算式來計算的運動，對 40 至 60 歲的人來說，「50%」脈搏數大約是 1 分鐘 105 至 125 下，用這個標準來走就可以了。

50% 強度的目標脈搏數計算方式

50% 強度的目標脈搏數 ＝（ 最高脈搏數 — 安靜時的脈搏數 ）×0.5 ＋ 安靜時的脈搏數

※ 最高脈搏數的標準可用（220 一年齡）來計算。

※ 安靜時的脈搏數是在靜止狀態下測量 1 分鐘的脈搏數。

【例】60 歲，靜止時脈搏數在 70 的人

{（220-60）－ 70 } × 0.5 ＋ 70 ＝ **115** 下 / 每分鐘

時間

開始運動後，首先會先消耗碳水化合物等能量來源，運動二十分鐘後，身體才能夠將游離脂肪（體脂肪分解後所產生）做爲熱量來源加以運用。也因此身體內的中性脂肪開始減少，所以健走應訂在**一天持續走三十分鐘以上**比較適當。因爲一天要累計三十分鐘以上才有效果，所以可以一次三十分鐘，也可以分成十五分鐘二次，或十分鐘三次。但若是要分成二至三次時，一次最少要十分鐘，用稍微快速的步伐走路。如果不到十分鐘就停下來，或是速度過慢的話，就沒有什麼效果了。習慣之後可以維持一樣的強度，配合自己的步調慢慢拉長時間，最後做到一天六十分鐘（以步數做標準的話，則是一天八千步）的目標。

步數

步數是另一個用來取代時間的測量標準，可利用計步器測量，成人的運動量是「一天一萬步」（大約消耗二百至三百大卡），若以時間來換算，大約是以小快步走約七十至九十分鐘。對完全不運動的人來說，突然要這走這麼久，容易傷到關節或腰部。因此一開始太努力也不好，應慢慢增加步數，**達到一天八千步的最終目標即可**。

次數

健走最好能每天持續下去，運動不持續的話就沒有效果，如果中斷太久成效也無法累積。若是沒辦法每天走的話，**至少應維持一週三次**（每兩天走一次）的頻率。當然，一週一次去健身房或是運動俱樂部稍微流個汗，或是假日時打網球或高爾夫也很好，這些運動可以在日常生活中搭配健走一起做。

健走要在餐前或餐後三十分鐘至一小時進行

注意別在早餐前或一起床就去健走

雖然說可以配合自己的時間去健走，**但是最好在用餐前或是用餐後三十分鐘至一小時比較合適。**如果在早餐前健走，對身體的負擔很大，所以不建議這麼做。一起床就去健走會使血壓稍微升高，有血壓高的人最好避免這麼做，會比較安全。

另外，餐後一小時左右是血糖值最高的時候，中性脂肪值大概在餐後三十分鐘後開始上升，所以餐後三十分鐘到一小時後健走，可以減少血液中的葡萄糖和中性脂肪。

避免在完全空腹的狀態下和剛用完餐時健走

雖然說餐前適合健走，但空腹健走並不好。健走後身體會開始把醣類轉成熱量加以消耗，這時如果空腹沒有補充醣類的話，身體會一口氣釋放許多游離脂肪酸到血液裡，以做爲熱量來源，可能會對心臟會造成心律不整等不好的影響。開始健走之前先吃一些容易吸收的食物（例如先吃一根香蕉）再走比較好。

另外，不要在用餐後立刻健走。因爲用餐後爲了消化，血液會集中到胃裡。立刻運動的話，原本流向胃部的血液必須流到肌肉裡，導致消化不良，容易引起腹痛或身體不適。**因此要在餐後三十分鐘至一小時左右之後再走。**健走要配合自己的生活步調，在不勉強的時段進行，慢慢使之變成生活當中不可或缺的一部分。

運動前後必須做暖身運動及緩和運動

暖身運動和緩和運動各有作用

運動前後一定要做暖身運動和緩和運動。**運動前的暖身運動**是為了讓體溫上升，讓血液循環變好，以及放鬆緊繃的肌肉和關節，以便減緩血壓急速上升和造成心臟的負擔，並預防在運動當中發生意外，像是肌腱斷裂、抽筋、狹心症等，同時也可以掌握當天的身體狀況。而**運動後的緩和運動**可以消除運動後肌肉關節的疲勞，讓血壓和心跳慢慢降下來，減輕心臟負擔，也可以幫助身體消除疲勞。

進行三至五分鐘的伸展運動

正式運動前後的暖身及緩和運動都稱為**伸展操**。伸展就是「拉伸」的意思，也就是拉伸肌肉、肌腱、韌帶的運動。如果是輕緩的運動的話，暖身時間大約三至五分鐘，如果是激烈運動的話，暖身時間大約需五至十分鐘。做暖身運動時要專心，特別是稍後會運動到的部位尤其要確實伸展。

緩和運動要慢慢做，做到體溫下降，呼吸恢復到平常狀態，心跳數比安靜時約高出二十下左右為止，緩和運動的時間可以配合運動強度來調整，但最少要做三至五分鐘。在健走前後要記得伸展一下自己的下半身（腰和腳），尤其是早晨健走時更要仔細地做伸展運動。本書第一四八至一四九頁會介紹一些伸展肌肉的伸展操，不管從事任何運動，都要以伸展操做為暖身運動、緩和運動，並且養成習慣。

進行伸展操時的要點與注意事項

做伸展操時要注意下列要點：

1

身體放鬆，只伸展肌肉和肌腱部分

在肌肉緊繃的狀態下，容易施力不當，而得不到完全的效果。另外，不要突然伸展，剛開始的時候要輕輕地、慢慢地、不要拉傷肌肉。注意慢慢地伸展出去，運動後的緩和動作也要慢慢進行，慢慢恢復。

2

不要靠反作用力或是彈力，要靜靜地伸展肌肉和肌腱

如果希望盡量伸展而靠反作用力（彈力）來做的話，反而容易造成肌肉或肌腱的緊繃，因此應平心靜氣地進行，比較可以在肌肉放鬆的狀態下伸展。

3

伸展時注意力要放在拉伸的部位

做伸展操要注意「自己拉伸的部位」，也就是把注意力集中在伸展的肌肉部位，如果不知道自己伸展的是那塊肌肉的話，運動效果會減半。

4

不要憋氣，運動時要自然地呼吸

在伸展進行當中絕對不要憋氣，憋氣會造成肌肉緊繃，沒辦法完全放鬆。所以伸展肌肉時一開始一定要放慢呼吸，之後要記得自然呼吸。

5

伸展一個部位到有適度的緊繃感時，同一姿勢暫停五秒。

6

剛開始時伸展的力道要小，之後慢慢地拉伸，但是不要勉強拉伸到會痛的程度。

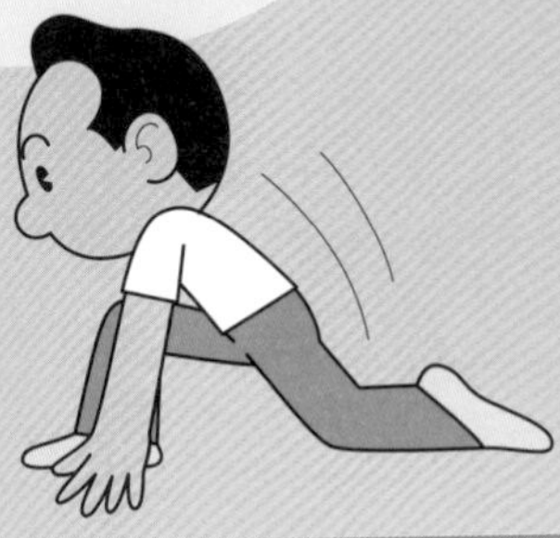

可以每天、短時間內進行的伸展動作（以下半身為主）

每天做伸展操，漸漸地關節和肌肉的動作會越來越好。

伸展大腿前側

【目的】單腳向後彎拉向臀部，伸展大腿前側的肌肉。

【次數標準】左右各一次算一回，如果做得來，可做二～三回。

【作法】

❶雙腳並立，左膝彎曲將小腿向後翹起，左手拉住左腳腳背。

❷右手也同時抓住左腳，一起把腳向臀部拉近，默數到五。左膝蓋當軸心將左腳往後拉，感覺到左大腿前側完全伸展後就停止，維持這個姿勢數到五。右腳也相同。

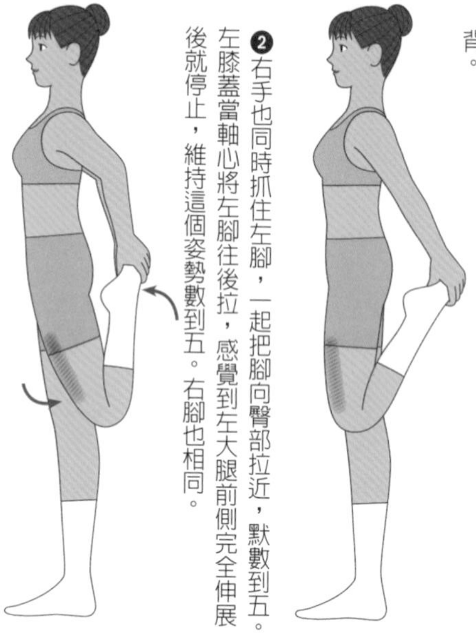

伸展大腿後側

【目的】臀部向後，伸展前腳的大腿後側。

【次數標準】左右各一次算一回，如果做得來，可做二～三回。

【作法】

❶雙腳立正併攏，左腳向前跨出一步。左腳跟踩住地面，腳尖向前，雙手放兩腿上，挺胸、背部打直。

❷慢慢地數到五，在吐氣的同時臀部向後，右膝彎曲，上半身向前傾。用撐住大腿的手來撐住身體。左膝不要彎曲，感覺到有伸展到左腳後側肌肉時就停止，維持這個姿勢數到五，之後換成右腳，做相同的動作。

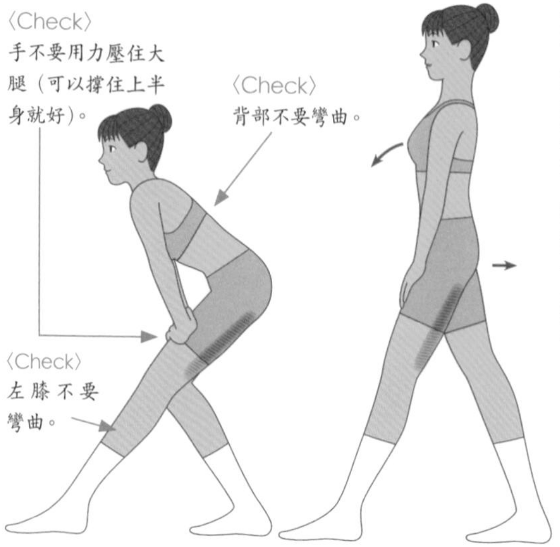
〈Check〉
手不要用力壓住大腿（可以撐住上半身就好）。
〈Check〉
背部不要彎曲。
〈Check〉
左膝不要彎曲。

要注意的部位

伸展股關節

【目的】單腳跪在地上，上半身重心稍微向前移動，拉伸後腳的大腿上部前側。

【次數標準】左右各一次算一回，如果做得來，可做二～三回。

【作法】

❶左腳跪在地上，右腳向前踏出，背部打直、兩手放在右腳大腿上，左腳腳背靠在地面。

❷在吐氣的時候慢慢數到五，維持❶的姿勢，在把上半身往前壓的同時，左腳慢慢向後伸。感覺到左腳大腿上半部的前方有拉伸到的感覺時就停住，維持這個姿勢數到五，換成右腳做相同的動作。

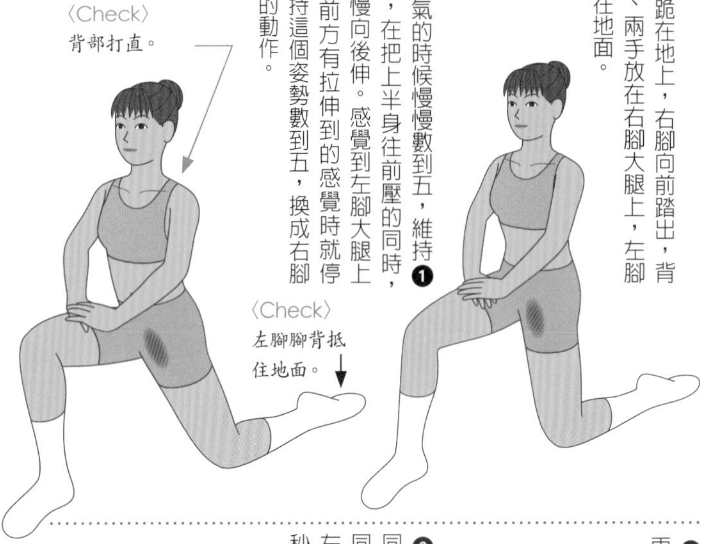
〈Check〉
背部打直。
〈Check〉
左腳腳背抵住地面。

伸展小腿肚

【目的】兩腳前後分開站立，把體重放在前腳上，拉伸後腳小腿肚。

【次數標準】左右各一次算一回，如果做得來，可做二～三回。

【作法】

❶站好背部打直，右腳向前，兩腳距離約兩步。兩腳腳尖向前，雙手放在右腳前方。

❷要注意別讓左腳腳跟抬起來，吐氣的同時慢慢數到五，左膝打直、右膝彎曲的同時上半身前傾，體重壓在右腳上。感覺左腳小腿有拉伸到的時候就停住，維持五秒。換成右腳做相同的動作。

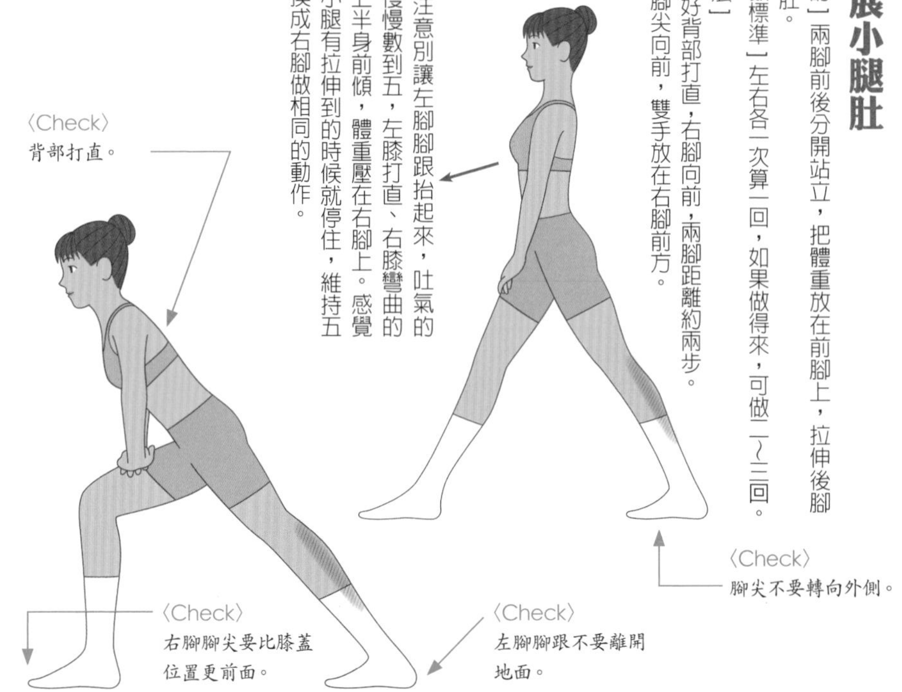
〈Check〉
背部打直。
〈Check〉
腳尖不要轉向外側。
〈Check〉
右腳腳尖要比膝蓋位置更前面。
〈Check〉
左腳腳跟不要離開地面。

消除體脂肪和鍛鍊肌肉的運動可互相搭配

鍛鍊肌肉讓身體提高基礎代謝率

要減少體脂肪，**就要提高身體的基礎代謝率，肌力訓練可以達到這個目的。**

肌肉在運動時消耗能量，需提升基礎代謝，所以會耗掉血液中大部分的中性脂肪和葡萄糖。不只運動中，在睡眠中、靜處時也會消耗熱量。**肌肉是人體中消耗熱量最多的組織。**

維持目前身上肌肉的同時，也要稍微鍛鍊肌肉

要有效提高基礎代謝率，平常就要鍛鍊肌力，讓身體容易消耗熱量。鍛鍊肌力並不是要做很吃力的運動，也不是要增加肌肉量。**主要是在日常生活中給肌肉更多刺激，讓肌肉發達，促進代謝活化。**鍛鍊時，交感神經會突然緊繃，能有效提高代謝率。

隨著年紀增長，每個人的身體肌肉量都會漸漸減少，**平常的肌力鍛鍊就是為了防止肌肉減少。**爲了改善脂肪值而鍛鍊肌力時，最重要的是，要在維持現有肌肉量的同時，慢慢地增加肌肉。所以要每天花一些時間，做幾次會帶給肌肉負擔的運動。

◆即使是辦公桌的工作，肌肉也會消耗 90% 的熱量

鍛鍊肌力最基本的，就是腰部和腳部的運動

持續進行肌力鍛鍊，肌肉就會變得越來越有力量，這當中最基本的運動，是腰部和腳部的運動。大腿的肌肉、臀部的肌肉、腰腿部肌肉（腹肌）等都是大塊肌肉，要提高與維持這些部位的肌力，需要足夠的基礎代謝率。最基本的腰腿肌力鍛鍊項目列於本書第一五二至一五三頁，請一定要試試看。

用餐後一至二小時是最佳鍛鍊時間。盡量避免在用餐前、剛用完餐之後，或是空腹的時候鍛鍊。另外，沐浴後或就寢前也不要鍛鍊，入浴後肌肉放鬆不容易使力，而就寢前鍛鍊肌肉則會使血液循環順暢，妨礙睡眠。

安全、有效鍛鍊肌力的要點

1. 鍛鍊肌力前後一定要做伸展操。
2. 不要使用反作用力，應慢慢進行。
3. 在呼吸自然的狀況下進行。
4. 用正確的姿勢進行。
5. 注意力放在自己正在鍛鍊的肌肉上。
6. 一天進行的次數從5至10次開始。
7. 一週3至4次。
8. 不勉強、不過量，保留一些餘力。

這些運動對中老年人或是沒有運動經驗的人來說，都是可以輕鬆進行的活動。用自己的體重當負荷，用自己的力氣去做運動，所以不須特別選地點，可以輕鬆地持續做下去。

養成習慣，隨時可做些簡單的伸展（以下半身為主）

這是針對向來沒有運動習慣的人所設計的簡單動作。首先，先從一天練習一個項目開始。如果膝蓋、腰部等有受傷時，要先把傷治好再來練習。

弓箭步練習

【目的】藉由兩腿前後開展、身體下蹲的動作，來鍛鍊大腿前側和臀部肌肉。

【次數標準】前後腳交替，五至十次為一輪，做一至二輪。

【作法】

❶兩腳前後站開（要能保持平衡），雙手插腰，站直。膝蓋和腳尖朝前。

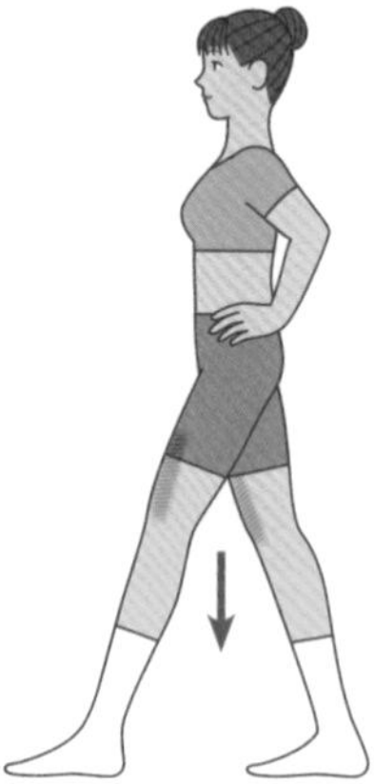

❷上半身直立，後腳腳跟上提，雙膝和前腳大腿根部彎曲，上半身直直下壓至雙腳中央，下壓到後腳膝蓋快碰到地面時再慢慢起來，前後腳交替進行相同的動作。

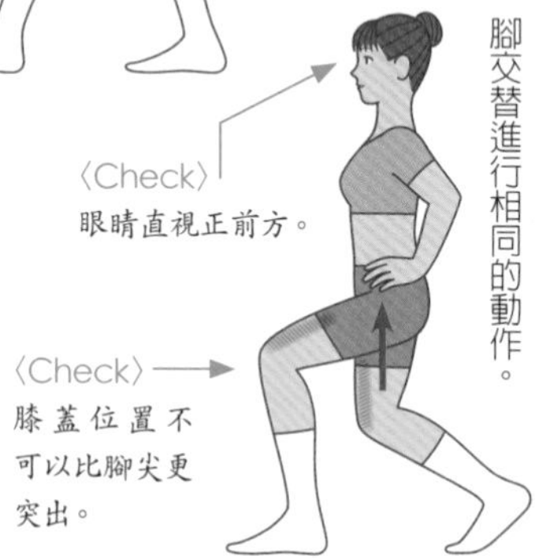
〈Check〉
眼睛直視正前方。
〈Check〉
膝蓋位置不可以比腳尖更突出。

彎腳動作

【目的】藉由膝蓋彎曲向後提，鍛鍊大腿後方肌肉。

【次數標準】左右腳交替，五至十次為一輪，做一至二輪。

【作法】

❶單手撐住牆壁站立，背部伸直，離牆較遠的腳膝蓋彎曲成九十度。腳尖向前，腳跟向後提。

❷注意大腿後側肌肉，保持膝蓋彎曲九十度，慢慢向後把腳提起來（不要用力），提高到自己的極限之後，再把腳慢慢放回原來的位置。另一隻腳的動作也相同。

要注意的部位
〈Check〉
維持 90 度的角度。

腿部後提訓練

【目的】藉由單腳向後提的動作，鍛鍊臀部大塊肌肉。

【次數標準】左右腳交替，五至十次為一輪，做一至二輪。

【作法】

❶面向牆壁，雙腳張開與肩同寬，背部打直，雙手貼在牆上輕輕撐住身體，上半身稍微向前傾（腰挺直不要彎曲）。

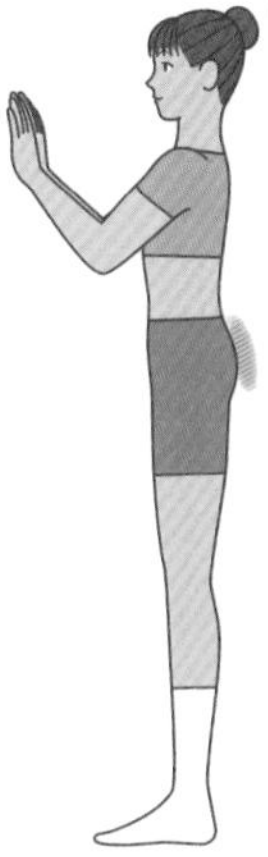

〈Check〉
腰不要彎起來
（腰部打直）
〈Check〉
膝蓋直直地
往後伸。

❷膝蓋打直，吐氣的時候直直地把左腳向後提起，大約提到三十至四十五度時停住，再一邊吸氣一邊把腳放下，右腳也一樣。

側提運動

【目的】藉由將單腳向左右側提，來鍛鍊臀部上方的兩側肌肉和大腿內側肌肉。

【次數標準】左右腳交替，五至八次為一輪，做一至二輪。

【作法】

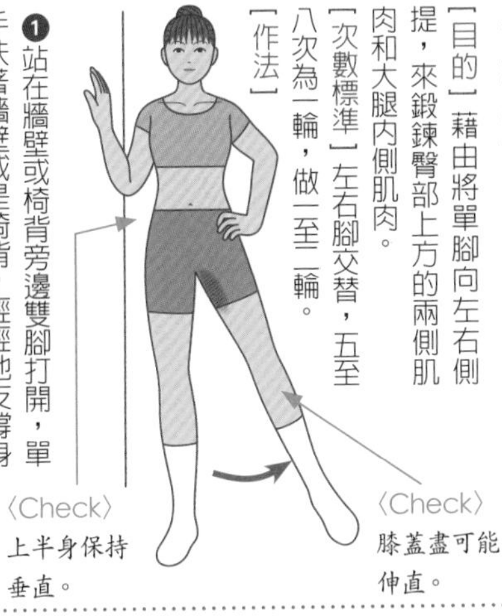
〈Check〉
上半身保持
垂直。
〈Check〉
膝蓋盡可能
伸直。

❶站在牆壁或椅背旁邊雙腳打開，單手扶著牆壁或是椅背，輕輕地支撐身體。另一隻手插在腰際間，離牆較遠的腳膝蓋打直，在自然呼吸的同時慢慢向旁邊舉起，舉到三十至四十五度的角度時在空中停止。

〈Check〉
腳尖不可以碰
觸到地面。

❷舉起的腳慢慢縮回來，再把腳合起來慢慢向內側舉起，舉到不能再舉時停在空中，再慢慢把腳放回來，換另一腳做相同的動作。

提臀動作

【目的】藉由抬起的單腳前後擺動，來鍛鍊腹部深處腸腰肌的肌肉。

【次數標準】左右腳交替，五次為一輪，做一至二輪。

【作法】

腸腰肌

❶較遠的腳輕輕地彎膝讓腳離開地面，慢慢往後提腳，同時數到五，往後伸到不能再伸時停住。

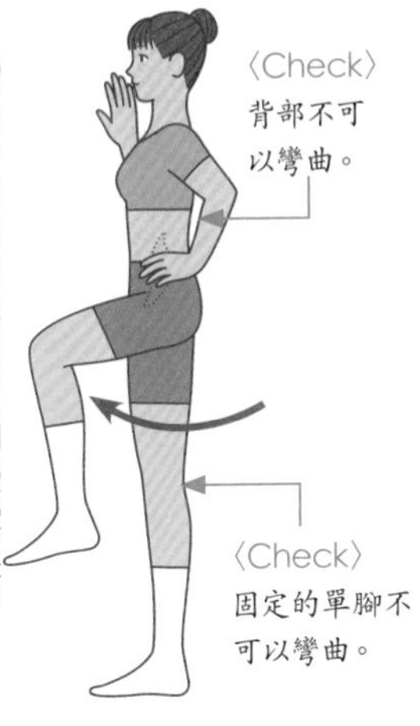
〈Check〉
背部不可
以彎曲。
〈Check〉
固定的單腳不
可以彎曲。

❷把往後提並且定住的腳慢慢往前提，同時數到五，將大腿舉到腰部高度時停住，再慢慢地數到五，之後回到❶的動作，反覆五次之後再換另一隻腳。

運動時必須注意的要點

要告訴醫生曾罹患過的疾病或目前身上的疾病

不只脂質異常症，有高血壓和糖尿病等併發症，或是有腰痛、關節痛，曾有狹心症或心肌梗塞等病史的人，一定要和主治醫師或專科醫師討論，得到醫生許可後才能運動。和醫師討論時可請醫師建議適合的運動項目。

運動要一點一滴持續下去

剛開始也許有人會覺得「運動好累」，或是「好辛苦，一點都不好玩」。但是如果持續下去的話，一定會有效果。抱著「會漸漸好轉」的期待心情持續做下去，慢慢增加運動量和運動強度的話，漸漸地就不會覺得活動身體是一件很麻煩的事了。

不可勉強，有時須暫時停止運動

運動時最大的注意要點就是絕不要勉強自己。持續運動很重要，但不要過度努力也很重要。如果勉強硬做，很可能會使身體受傷。另外，天候不佳或身體出現狀況，以及有生病症狀時，就不要遲疑立刻停止運動。喝酒後也要避免運動。只休息一兩天並不會讓之前的努力付諸流水，要因應自己的身體和環境，有彈性地隨機應變，才是持續運動的要訣。

◆需要醫師判斷能否從事運動的人

有下列情況的人，運動前一定要和醫生商量聽從指示：

① 有心臟病的人。

② 有狹心症的人。

③ 有腦血管障礙的人。

④ 有心律不整的人。

⑤ 有高血壓、糖尿病、痛風等疾病的人。

⑥ 因腎臟病而造成高血壓的人。

運動中要適時補充水分

無論什麼季節，只要運動中有大量流汗，感覺口渴時就要補充水分。因爲流汗而使體內水分不足時，血液會變濃稠而增加黏性，可能造成血流不順暢，對心臟和血管產生很大的負擔。特別是氣溫高的時候，有可能引起輕微脫水症狀，有中暑的危險。爲了避免發生這些情形，必須隨時補充水分。即使是健走，夏天光是走一小時，就會排出六百至七百毫升左右的汗水。所以不只是健走前後，健走當中也要記得找時間休息、補充水分。

不能做運動，或是該暫時停止運動的時候

■運動前、運動中的身體狀況、自覺症狀檢查

運動前要先確認的狀況，以及自覺症狀

在運動之前，只要有下列項目當中的任何一項，當天就要暫時停止運動。

❶ 稍微有點發燒（體溫比平時還高）。

❷ 血壓比平時還要高 20 mmHg 以上。

❸ 靜止時一分鐘的脈搏數在 90 以上。

❹ 有心悸、胸痛。

❺ 因為宿醉而覺得胃不舒服時。

❻ 頭痛。

❼ 想吐。

❽ 因睡眠不足而非常疲勞時。

❾ 有肚子痛或拉肚子時。

❿ 全身疲累，身體狀況欠佳時。

在運動中最好暫停的自覺症狀

運動到一半時，如有下列症狀就要立刻停止。因爲有時會發生危險狀況，所以要盡早接受醫師的診察。

❶ 冒冷汗，或是發汗情形和平常不一樣。

❷ 呼吸覺得痛苦。

❸ 胸悶、心悸。

❹ 頭痛。

❺ 雙腳不聽使喚。

❻ 頭暈目眩。

❼ 有漸漸喪失意識的跡象。

❽ 覺得噁心想吐。

❾ 覺得比平常累和懶懶的。

❿ 肌肉骨頭感覺會痛或者不適。

⓫ 小腿肚抽筋。

在每天的日常生活中勤於活動身體，也是很棒的運動

●擦窗戶時將手伸直擦拭高處。
吸氣的同時蹲下
手貼在上面
雙腳稍微張開
吐氣時盡可能伸展身體
不只是擦玻璃的手要拿著抹布，支撐身體的手也要拿著毛巾。
●不開車通勤，上下班時提前一站下車步行。

其實日常生活中的活動也可以是很棒的運動。在平常的生活中，不管是工作或做家事，都需要活動到身體，家庭勞動或上下爬樓梯、去超市買東西、掃廁所，或是在庭院拔草也都是運動。只要不是因爲臥病在床，幾乎所有的人每天都在運動。可以大幅度左右一天消耗的總熱量的，就是這些工作與家事當中所耗費的體力。**所以要增加運動量的最簡單方式，就是盡可能在日常生活當中多活動身體。**

問題是有些人會覺得活動身體很麻煩，所以一直不想動。一開始先抱持著「動一點點也好」

在日常生活中隨處做一點運動

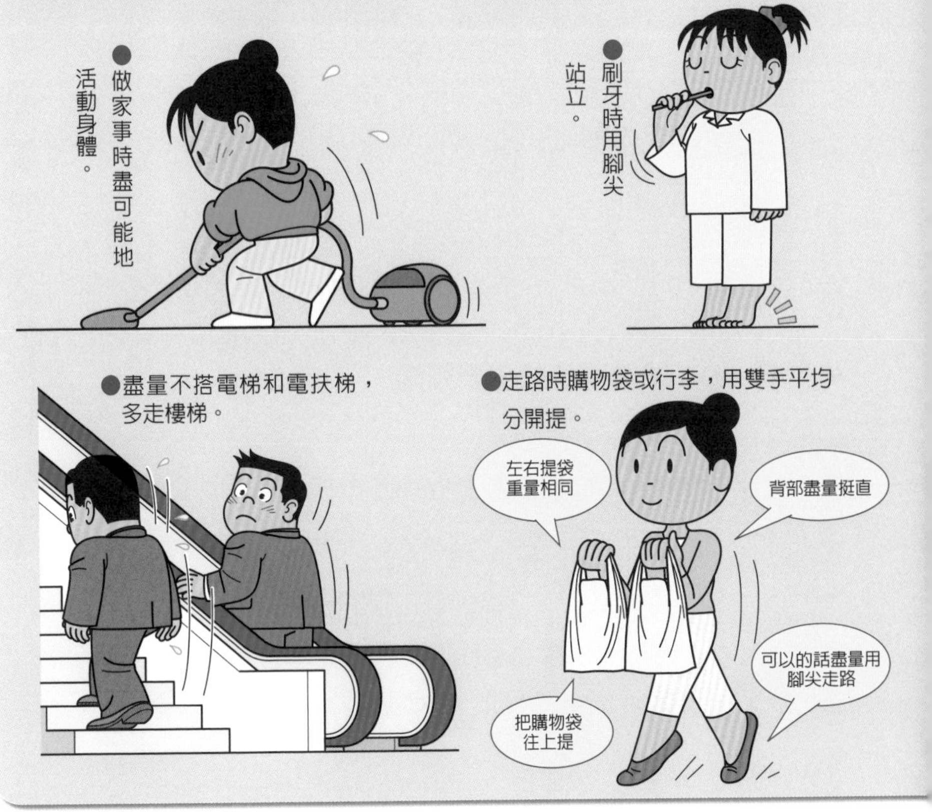
●刷牙時用腳尖站立。
●做家事時盡可能地活動身體。
●盡量不搭電梯和電扶梯，多走樓梯。
●走路時購物袋或行李，用雙手平均分開提。
左右提袋重量相同
背部盡量挺直
可以的話盡量用腳尖走路
把購物袋往上提

的心情來做，**這樣就會漸漸養成動態性的生活習慣**。簡單來說，就是在每天的所有生活活動中「勤快地活動身體」，增加日常生活中的各種小活動。「坐不如站」、「減少坐的時間快快地動動身體」、「勤快地做家事」、「積極地走路」、「搭車不如走路」、「上下樓盡量走樓梯，而不搭電梯或電扶梯」。就這樣注意日常生活的活動，盡可能在自己可以做到的範圍裡動一動身體，就算不特別空出時間運動，也可以在日常生活中好好地運動，並且在不勉強自己的情形下持續地做下去。這樣不僅可以增加所消耗的熱量，也有助於解決運動不足的問題，對提高基礎代謝率也有幫助。

藥物療法的用藥須知

脂質異常症的藥物（脂質代謝改善藥劑），**主要是用來降低LDL膽固醇值和中性脂肪值這兩種情況**。這兩種情況的用藥都有許多種類，作用也不盡相同，醫師會從中選出最適合各病患的藥劑開立處方。

基本上，一開始只使用一種藥，如果一段時間後看不出效果的話，在醫師的判斷下，也可能合併使用數種藥品。

另外，開始使用藥物療法後，如果不能持續進行改善飲食、運動的生活的話，就無法發揮充足藥效。藥物療法只是降低血中膽固醇與中性脂肪的對症療

◆降低 LDL 膽固醇值的主要藥劑

↓＝下降　↑＝提高　－＝幾乎無變化

▨＝效果很好　□＝有效果　▩＝沒有效果

種類	對各脂肪值的作用			一般名稱（藥品學名）	主要商品名稱
	LDL 膽固醇值	HDL 膽固醇值	中性脂肪		
斯達汀(statin)類製劑(HMG-CoA還原酵素阻斷劑)	↓↓↓ 可降低 25%以上	↑ 可提高 10～20%	↓ 可降低 10～20%	pravastatin simvastatin fluvastatin atorvastatin pitavastatin rosuvastatin	Pravachol Lipovas Lescol Lipitor Livalo Crestor
陰離子交換樹脂(resin)	↓↓ 可降低 20～25%	↑ 可提高 10～20%	－ 降低 10%～提高 10%	cholestyramine colestimide	Questran Cholebine
普洛可(probucol)類藥劑	↓ 可降低 10～20%	↓↓ 可降低 20～25%	－ 降低 10%～提高 10%	probucol	Sinlestal Lorelco
小腸膽固醇傳輸阻斷劑	↓↓ 可降低 20～25%	↑ 可提高 10～20%	↓ 可降低 10～20%	ezetimibe	Zetia

其他還有 melinamide、γ-oryzanol、riboflavin butyrate (Hibon)、elastase (Elaszym) 等藥品。

※ 這些藥品都沒有在坊間的藥房或藥妝店裡販售，必須在醫師的指示下才能取得處方配藥。

※ 各藥劑都有不同的商品名稱，由好幾個藥品製造商販賣。

法，並不能去除導致脂質異常症的根本原因。也就是說，藥物只是輔助，治療的根本之道還是在於改善生活習慣。

◆降低中性脂肪值的主要藥劑

↓＝下降　↑＝提高　－＝幾乎無變化

▨＝效果很好　□＝有效果　■＝沒有效果

種類	對各脂肪值的作用			一般名稱（藥品學名）	主要商品名稱
	LDL 膽固醇值	HDL 膽固醇值	中性脂肪		
纖維酸類（fibrate）降血脂藥	↓ 可降低 10～20%	↑ 可提高 20～30%	↓↓↓ 可降低 20% 以上	clofibrate	Piposerol Amotril Cholenal Alufibrate
				clinofibrate	Lipoclin
				bezafibrate	Bezatol SR Bezalip
				fenofibrate Simfibrate	Tricov Lipidil Cholesolvin
菸鹼酸誘導體	↓ 可降低 10～20%	↑ 可提高 10～20%	↓↓ 可降低 20～25%	nicotinic acid tocopherol	Juvela nicotinate Juvela N
				Nicomol	Cholexamin
				niceritrol	Perycit
二十碳五烯酸（EPA）製劑	— 降低 10% ～ 提高 10%	— 降低 10% ～ 提高 10%	↓ 可降低 10～20%	ethyl icosapentate	Epadel

其他還有 Dextran Sulfate Sodium Sulfur、pantethinepolyenephosphatidylcholine（EPL）等藥品。

※ 這些藥品都沒有在坊間的藥房或藥妝店裡販售，必須在醫師的指示下才能取得處方配藥。

※ 各藥劑都有不同的商品名稱，由好幾個藥品製造商販賣。

◆台灣國民健康局公布的代謝症候群診斷標準為 3 項（含）以上：

項目	數値
腹部肥胖 (腰圍)	男≧ 90cm(35 吋) 女≧ 80cm(31 吋)
空腹血糖	≧ 100mg/dl
血壓	≧ 130 / 85 mmHg
高三酸甘油脂（TG）	≧ 150 mg/dl
高密度脂蛋白膽固醇（HDL）	男< 40 mg/dl 女< 50 mg/dl

Dr.Me 健康系列 121X

全彩圖解
降低壞膽固醇、提高好膽固醇〔暢銷修訂版〕
——控制膽固醇・飲食・運動・生活・用藥處方保健事典

監　　修／石川俊次
翻　　譯／邱麗娟
審　　定／陳肇文
選　　書／林小鈴
責任編輯／梁瀞文

行銷經理／王維君
業務經理／羅越華
總 編 輯／林小鈴
發 行 人／何飛鵬
出　　版／原水文化
台北市民生東路二段141號8樓
電話：02-2500-7008　傳眞：02-2502-7676
網址：http://citeh2o.pixnet.net/blog　E-mail：H2O@cite.com.tw
發　　行／英屬蓋曼群島商家庭傳媒股份有限公司城邦分公司
台北市中山區民生東路二段141號2樓
書虫客服服務專線：02-25007718；02-25007719
24小時傳眞專線：02-25001990；02-25001991
服務時間：週一至週五上午09:30-12:00；下午13:30-17:00
讀者服務信箱E-mail：service@readingclub.com.tw
劃撥帳號／19863813；戶名：書虫股份有限公司
香港發行／香港灣仔駱克道193號東超商業中心1樓
電話：852-2508-6231　傳眞：852-2578-9337
電郵：hkcite@biznetvigator.com
馬新發行／城邦（馬新）出版集團
41, Jalan Radin Anum, Bandar Baru Sri Petaling,
57000 Kuala Lumpur, Malaysia.
電話：603-9057-8822　傳眞：603-9057-6622
電郵：cite@cite.com.my

文字整理／楊如萍
美術設計／鄭子瑀
製版印刷／卡樂彩色製版印刷有限公司

初　　版／2010年11月16日
初版5.5刷／2015年 1月 9日
暢銷修訂版／2020年 4月21日
修訂版2刷／2023年 7月25日
定　　價／350元

城邦讀書花園
www.cite.com.tw

ISBN 978-986-6379-35-2

AKUDAMA CHOLESTEROL WO SAGE ZENDAMA CHOLESTEROL WO AGERU HON

Originally published in Japan by Shufunotomo Co., Ltd.

國家圖書館出版品預行編目資料

全彩圖解 降低壞膽固醇、提高好膽固醇 / 石川俊次監修；
邱麗娟翻譯 . -- 初版 . -- 臺北市：原水文化出版：
家庭傳媒城邦分公司發行，2010.11
面；　公分 . --（Dr.Me 健康系列；121）

ISBN 978-986-6379-35-2（平裝）

1. 膽固醇 2. 健康飲食 3. 食療 4. 運動

399.4781　　99016291